本书由南京水利科学研究院出版基金资助出版

黏性土坝漫顶溃决
水动力机理与抗冲蚀特性研究

祝 龙 ◎ 著

河海大学出版社
HOHAI UNIVERSITY PRESS
·南京·

图书在版编目(CIP)数据

黏性土坝漫顶溃决水动力机理与抗冲蚀特性研究 /
祝龙著. -- 南京：河海大学出版社，2023.11
ISBN 978-7-5630-8401-2

Ⅰ. ①黏… Ⅱ. ①祝… Ⅲ. ①土坝－溃坝－水动力学
－研究②土坝－溃坝－抗冲击－特性－研究 Ⅳ.
①TV698.2

中国国家版本馆 CIP 数据核字(2023)第 196957 号

书　　名	黏性土坝漫顶溃决水动力机理与抗冲蚀特性研究
书　　号	ISBN 978-7-5630-8401-2
责任编辑	金　怡
特约校对	张美勤
封面设计	张育智　周彦余
出版发行	河海大学出版社
地　　址	南京市西康路 1 号(邮编：210098)
电　　话	(025)83737852(总编室)　(025)83722833(营销部)
经　　销	江苏省新华发行集团有限公司
排　　版	南京布克文化发展有限公司
印　　刷	广东虎彩云印刷有限公司
开　　本	718 毫米×1000 毫米　1/16
印　　张	11.25
字　　数	196 千字
版　　次	2023 年 11 月第 1 版
印　　次	2023 年 11 月第 1 次印刷
定　　价	79.00 元

前 言

　　水库大坝工程是我国江河防洪体系中不可或缺的重要组成部分,是关系国计民生的重要基础设施。截至2011年底,我国共有各类水库98 002座,是当今世界拥有水库大坝最多的国家。这些水库大坝给人类带来了巨大的社会、经济效益,然而其潜在的溃坝风险也不容忽视。水库大坝一旦失事,将对下游人民生命财产造成毁灭性破坏。近年来,受全球气候变化的影响,我国乃至世界极端天气事件明显增多,超标准洪水等突发自然灾害的威胁日渐突出,对水库大坝安全提出了新的严峻挑战。

　　土坝作为历史最悠久、被运用最多的坝型,其溃决事件尤为突出,其中均质黏性土坝的溃决数量占土石坝溃决数量比例最大。土坝漫顶溃决是一个极其复杂的物理演变过程,涉及多学科交叉,影响因素众多。从国内外现阶段的溃坝研究工作来看,土坝溃决机理研究得到了长足发展,然而对于陡坎式蚀退发展机理的认识还十分有限,对其发展演变机制仍没有透彻了解和掌握;现阶段对溃决水流的研究大多侧重于峰值流量预测和下游洪水演进问题,对溃口水流结构及其对坝体的作用研究较少,鲜有人对土坝溃决发展过程中的水流特性开展细致研究探讨;此外,黏性土坝冲刷溃决过程是典型的水流-土体耦合发展过程,对于坝体材料冲蚀速率,许多专家学者直接借鉴天然河道泥沙输移公式来进行估计,亦存在较大的不确定性。

　　在上述背景下,本书针对土坝漫顶溃决典型水流水力特性以及坝体材料抗冲蚀特性等基础性科学问题进行了研究探讨。全书共分为6章,第1章引言介绍了国内外土坝漫顶溃决机理、漫顶溃决水流和坝体材料抗冲蚀特性等方面的研究现状和进展;第2章对土坝漫顶溃决典型水流形式进行了凝练,详细介绍了漫顶溃决典型水流水动力特性模型试验成果；第3章在物理模型试验成果基础上采用三维数值模拟方法对漫顶溃决典型水流水动力特性进行深入研究，详细介绍了各水动力指标分布变化规律；第4章从漫顶溃决水流的水动力特性角度出发，对黏性土坝陡坎蚀退溃决机理进行了探讨，进一步明晰了陡坎形成、陡坎发展与陡坎合并的内在驱动机制；第5章着重对坝体材料在不同水流作用形式下的抗冲蚀特性进行了探讨，建立了表面冲刷和射流冲刷计算模型；第6章则基于不同水流形式冲刷计算模型，构建了坝体冲蚀速率综合预测模型，并结合实际案例，给出了具体预测及应用情况。本书研究成果可供从事溃坝水力学研究的相关人员参考。

  本书是在李云正高、宣国祥正高、王晓刚正高、黄岳正高的指导下，及胡亚安院士、李中华正高、李君正高等各位专家的帮助下完成的，郑飞东博士、杨帆博士、黄骏硕士等为本书部分研究内容提供了帮助。同时，本书的出版得到了南京水利科学研究院出版基金的资助，在此表示衷心的感谢。

  本书写作过程中，虽力求审慎，但由于作者学识水平所限以及土石坝漫顶溃决机理的复杂性，书中难免存在不妥和错误之处，敬请各位读者批评指正。

目 录

第1章 引 言 ········· 001
  1.1 研究背景 ········· 001
  1.2 土坝漫顶溃决机理研究现状 ········· 004
    1.2.1 漫顶溃决机理试验研究 ········· 005
    1.2.2 漫顶溃决过程数值模拟 ········· 009
  1.3 漫顶溃决水流研究现状 ········· 011
  1.4 坝体材料抗冲蚀特性研究现状 ········· 016
    1.4.1 土料冲蚀影响因素分析 ········· 016
    1.4.2 土体起动研究现状 ········· 017
    1.4.3 土体的冲蚀速率研究现状 ········· 019
  1.5 现状成果梳理及发展趋势 ········· 021
    1.5.1 现状成果梳理 ········· 022
    1.5.2 研究方向与发展趋势 ········· 022

第2章 漫顶溃决水流水力特性模型试验研究 ········· 024
  2.1 土坝漫顶溃决典型水流形式 ········· 024
  2.2 物理模型设计及试验方案 ········· 026
    2.2.1 试验装置 ········· 026
    2.2.2 试验量测系统 ········· 027
    2.2.3 试验工况 ········· 027

2.3 表面冲刷水流水力特性·· 029
　　2.3.1 表面冲刷水流典型结构划分······································ 030
　　2.3.2 表面冲刷水流水力特性分析······································ 030
2.4 陡坎冲射水流水力特性·· 032
　　2.4.1 单陡坎冲射水流研究·· 032
　　2.4.2 双陡坎冲射水流研究·· 048
2.5 本章小结··· 053

第3章 漫顶溃决水流水力特性数值模拟研究·························· 055
3.1 紊流数学模型及研究方案·· 055
　　3.1.1 数学模型的建立··· 055
　　3.1.2 模型验证··· 063
　　3.1.3 数模计算工况·· 067
3.2 表面冲刷水流数值模拟·· 068
　　3.2.1 整体流场结构及流态分析··· 068
　　3.2.2 坝面水深分布规律··· 069
　　3.2.3 坝面平均流速分布规律·· 070
　　3.2.4 坝面剪切应力分布··· 070
　　3.2.5 坝面压力分布·· 071
3.3 单陡坎冲射水流数值模拟·· 071
　　3.3.1 单陡坎整体流场结构及流态分析·································· 072
　　3.3.2 单陡坎冲射水流水面线分布······································ 073
　　3.3.3 单陡坎坝面剪切应力分布··· 073
　　3.3.4 单陡坎坝面压力分布·· 076
　　3.3.5 单陡坎不同工况下陡坎底壁水平流速分布······················· 077
3.4 双陡坎冲射水流数值模拟·· 078
　　3.4.1 双陡坎整体流场结构及流态分析·································· 078
　　3.4.2 双陡坎水面线分布··· 079
　　3.4.3 双陡坎坝面剪切应力分布··· 080
　　3.4.4 双陡坎坝面压力分布·· 081

3.4.5　双陡坎不同工况下陡坎底壁水平流速分布 …………… 082
3.5　本章小结………………………………………………………… 082

第4章　基于水力特性的陡坎蚀退机理发展与完善 …………… 084
4.1　水流最大时均剪切应力…………………………………………… 084
　　4.1.1　陡坎水平壁面最大剪切应力估计 ……………………… 084
　　4.1.2　陡坎垂直壁面最大剪切应力估计 ……………………… 086
4.2　剪切应力对比分析………………………………………………… 087
　　4.2.1　水平面最大剪切应力与垂直面最大剪切应力对比 …… 087
　　4.2.2　两级陡坎最大时均剪切应力对比 ……………………… 087
4.3　黏性土坝陡坎蚀退机理的发展完善……………………………… 088
　　4.3.1　陡坎的形成 ……………………………………………… 088
　　4.3.2　陡坎的发展 ……………………………………………… 089
　　4.3.3　陡坎的合并 ……………………………………………… 091
4.4　本章小结………………………………………………………… 092

第5章　坝体材料综合抗冲蚀特性研究 ………………………… 093
5.1　我国典型土料填筑控制指标……………………………………… 093
5.2　物理模型设计及土料选取………………………………………… 094
　　5.2.1　黏性筑坝土料抗冲蚀特性试验装置 …………………… 094
　　5.2.2　试验土料的获取 ………………………………………… 096
5.3　筑坝黏土的起动特性……………………………………………… 097
　　5.3.1　黏性土的起动 …………………………………………… 097
　　5.3.2　试验流程与方法 ………………………………………… 101
　　5.3.3　试验成果处理分析 ……………………………………… 104
5.4　坝体在表面水流作用下的冲蚀特性……………………………… 107
　　5.4.1　试验方法简介 …………………………………………… 107
　　5.4.2　试验成果处理分析 ……………………………………… 108
5.5　坝体在多角度射流作用下的冲蚀特性…………………………… 117
　　5.5.1　试验方法简介 …………………………………………… 117

5.5.2　试验结果处理分析 ·· 119
　5.6　本章小结 ··· 132

第6章　坝体冲蚀速率综合预测模型的建立及应用 ························ 134
　6.1　各典型水流形式下冲蚀速率计算方法································· 134
　　6.1.1　表面冲刷冲蚀速率计算模型 ······································ 135
　　6.1.2　多角度射流冲刷冲蚀速率模型 ··································· 135
　6.2　冲蚀速率综合预测模型的建立··· 136
　　6.2.1　剪切应力的计算 ·· 136
　　6.2.2　冲刷系数 K_d 的获取 ·· 137
　　6.2.3　冲蚀速率综合预测模型的建立 ··································· 140
　6.3　基于坝体抗冲蚀特性的溃决过程数值模拟·························· 140
　　6.3.1　引入坝体材料综合抗冲蚀特性的模型构建 ···················· 141
　　6.3.2　坝体溃决冲蚀过程预测模拟 ······································ 146
　6.4　本章小结 ··· 159

参考文献 ·· 160

第 1 章

引 言

1.1 研究背景

大坝是人类文明的重要组成部分,历史上有很多关于大坝建设与文明兴衰的文字记载。水库大坝工程不仅能对水资源时空分布进行合理调控、对水资源整体配置进行优化,更是江河防洪体系的重要组成部分,是关系国计民生的重要基础设施。第一次全国水利普查公报显示,我国 10 万 m^3 及以上水库 98 002 座,总库容达 9 323.12 亿 $m^{3[1]}$,是当今世界拥有水库大坝最多的国家。水库大坝给人类带来了巨大的社会、经济效益,在防洪、灌溉、发电、航运、供水、养殖、水土资源保护和改善生态环境等方面都发挥着不可替代的重要作用[2]。

然而,在水库大坝发挥正常功用,给人类带来巨大效益的同时,其潜在的溃坝风险也不容忽视。水库大坝一旦失事,给下游造成的生命财产损失将是巨大的。表 1.1 列举了发生在我国的、造成严重灾害的典型溃坝事件[3],这些溃坝失事案例共造成了约 30 000 人死亡,超过 500 万间房屋倒塌以及上百万公顷农田被洪水淹没。近些年来,受全球气候变化的影响,我国乃至世界极端天气事件明显增多,超标准洪水等突发自然灾害的威胁日渐突出,对水库大坝安全提出了严峻的挑战[4-6]。如 2005 年卡特里娜飓风对美国新奥尔良市进行了袭击,造成大量堤坝发生漫顶破坏,1 300 人死亡,50 万人无家可归,总经济损失达 1 000 亿美元。2010 年汛期,我国 230 多条河流发生超警以上洪水,10 多座土石坝相继发生溃决,全国 28 个省(市、区)遭受洪涝灾害,受灾人口达 1.4 亿人,因灾死亡 1 072 人,失踪 619 人,倒塌房屋 110 万间,直接经济损失约 2 096 亿元。2018 年 7 月老挝南部阿速坡省桑片-桑南内水电站副坝发生溃坝,洪水涌入阿速坡省萨南赛县 13 个村庄,其中 6 个村庄严重受损,约 1.6 万人受灾,6 000 多人无家可归。2021 年 7 月,内蒙古自治区呼伦贝尔市永安水库、新发水库相继出现决口、垮坝,导致至少 16 660 人受灾,325 622 亩[①]农田被淹。

土坝由于能够就地取材、节省建筑材料、具有良好的适应变形能力,同时施工、运行管理较为方便,因此在世界范围内被广泛应用,约占世界坝体总数的 82.9%,是世界上历史最悠久、应用最多的一种坝型,在我国 9 万余座水库大坝中,90% 以上为土坝。同时土坝也是溃坝发生最多的坝型,统计资料显示[7]:1954—2006 年间,我国共有 3 498 座水库大坝发生溃决失事事故,其中土坝溃决失事比例达 93% 以上。

表 1.1 中国典型溃坝案例

水库/省份	溃坝时间	人员伤亡	财产损失
龙屯/辽宁	1959-07-21	受灾人口 35 428,死亡 707 人	冲毁房屋 25 942 间,农田 14 210 公顷
铁佛寺/河南	1960-05-18	受伤 570 人,死亡 1 092 人	冲毁房屋 7 102 间
刘家台/河北	1963-08-08	死亡 943 人	冲毁房屋 67 721 间,农田 1 587 公顷
横江/广东	1970-09-15	死亡 779 人	近 6.7 万公顷农田被淹
李家嘴/甘肃	1973-04-27	死亡 580 人	淹没房屋 1 133 间,农田 1 000 公顷
石家沟/甘肃	1973-08-24	受伤 146 人,死亡 81 人	冲毁房屋 298 间,农田 40 公顷
板桥、石漫滩/河南	1975-08-08	受灾人口 1 015.5 万,死亡约 2.6 万人	冲毁房屋 524 万间,农田 113 万公顷
沟后/青海	1993-08-27	失踪 40 人,死亡 288 人	直接经济损失 1.53 亿元

土坝溃决有四种典型形式,如图 1.1 所示,具体溃决形式取决于客观外界

---

① 1 亩 ≈ 666.67 m²。

条件与坝体自身特性[8]。引起土石坝溃决的原因多种多样,如大坝及其附属建筑物设计不当、坝基不均匀沉降变形、施工质量差、不可预见性突发事件(超标准洪水漫顶、地震等)、运行管理不当等。Loukola[9]和汝乃华[10]等专家学者分别对我国大坝主要溃决原因进行了分析,得到了相似的统计结果,如表1.2所示。可见洪水漫顶是导致水库大坝溃决的最主要原因,所占比例在50%以上,国外溃坝情况亦类似[11, 12]。解家毕等[7]着重针对土石坝中各坝型的溃坝数量进行了统计分析,发现均质土坝所占比例最大,如表1.3所示为85.85%。

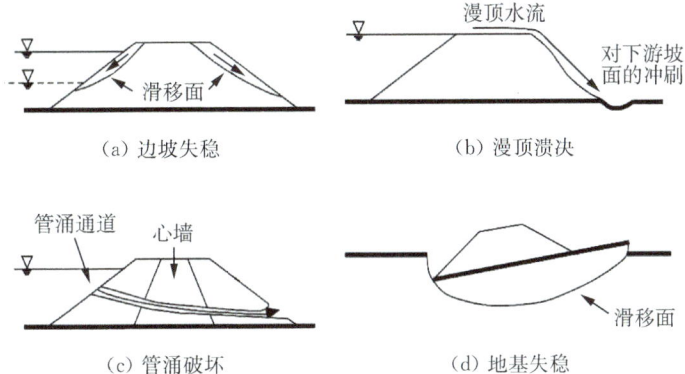

图1.1 土石坝的典型溃决形式

表1.2 中国大坝主要溃决原因及比例(%)

Loukola等	溃决原因	漫顶	管涌及其他渗流问题	结构问题	运行管理	其他	未知因素
	比例(%)	51.5	29.1	9.4	4.2	4.6	1.2
汝乃华等	溃决原因	漫顶	设计施工质量差		运行管理	其他	未知因素
	比例(%)	50.6	38.0		5.3	4.6	1.5

表1.3 土坝中各坝型溃决比例(1954—2006年,中国)

序号	坝型	溃坝数(座)	百分比(%)
1	均质土坝	3 003	92.29
2	黏土斜墙坝	11	0.34
3	黏土心墙坝	183	5.62
4	土石混合坝	19	0.58

续表

序号	坝型	溃坝数(座)	百分比(%)
5	其他	2	0.06
6	不详	36	1.11

黏性土坝的漫顶溃决是一个水、土二相相互耦合作用、逐渐发展的过程[13]，与以瞬间溃决为主要特征的混凝土坝有着显著差别，持续时间从15 min 到5 h以上不等。对于土坝溃坝事件，坝体具体溃决过程决定了溃坝洪水的强度和传播速度，从而直接影响溃坝致灾后果。美国垦务局统计数据显示[14]：溃坝事件中预警时间大于90 min，下游危险区域人员死亡率为0.02%；小于90 min大于15 min时死亡率为13%；而当预警时间小于15 min时死亡率则上升为50%。可见，对溃坝过程及洪水演进进行精确预报具有重大的现实意义。

土坝漫顶溃决受到多种因素如坝体材料、初始溃口位置、上游来流过程等的影响，溃坝过程涉及非恒定高速急变流输沙，具有强非线性和非恒定性，对溃坝问题的处理涉及水力学、土力学、泥沙运动力学及结构力学等多学科交叉，使得溃坝研究工作具有相当的难度。对溃坝机理认识的欠缺导致了当前国内外溃坝研究工作进展缓慢，难以有所突破；同时由于溃坝事件的突发性与灾难性，迄今为止搜集到的完整历史溃坝资料严重匮乏，大大限制了溃坝模拟技术的发展，如室内模型试验相似律的研究、数学模型的率定及验证等。在此背景下，黏性土坝漫顶溃决研究工作显得尤为重要，对进一步揭示和完善土坝漫顶溃决机理，掌握土坝溃决发生、发展规律，提高土坝漫顶溃决模型预测精度等具有重大的意义。

1.2 土坝漫顶溃决机理研究现状

鉴于土坝溃决带来的灾难性后果，近年来国内外专家学者分别从不同角度对其开展了研究工作，研究手段包括物理模型试验、数值模拟和理论分析等，研究内容涉及溃坝机理、溃口发展和溃决流量过程、下游洪水演进和致灾后果评价等各个方面，取得了丰硕的成果[15-23]。

大量溃坝事件的调查分析结果表明，漫顶溃决是土坝最主要的溃决模式之一。超标准洪水或泄洪系统不能正常发挥功用所导致的漫顶水流将对坝体下游坡面进行持续冲刷，致使坝体在纵向逐渐蚀退，横向溃口不断扩大，最终整体发生溃决[24],如图1.2所示。溃坝洪水的大小及发展演变取决于坝体溃口的发展过程,因此掌握土坝溃决发展机理,对土坝溃决发展过程进行准确模拟可极大提高溃决预警精度,为制定有效的应急处置方案提供可靠依据。在过去的几十年里,世界各国专家学者针对土坝溃决机理开展了大量的研究工作,然而迄今为止,人们对它仍没有透彻了解和掌握,尚未得到一个普遍适用的溃决发展模型,溃决机理研究亟须进一步发展完善。

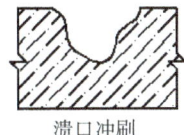　　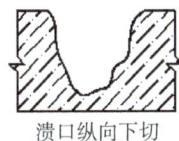　　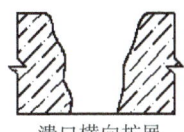

溃口冲刷　　　　　　溃口纵向下切　　　　　溃口横向扩展

图1.2　土坝漫顶溃决过程示意图

1.2.1　漫顶溃决机理试验研究

开展现场大尺度原型试验及室内小比尺物理模型试验是研究土石坝漫顶溃决机理的重要手段,美国土木工程师协会/环境与水资源学会(ASCE/EWRI)[12]曾在2011年对世界范围内溃坝模型试验开展情况进行了收集整理,结果显示:目前世界各科研机构针对溃坝问题开展的物理模型试验研究高达700余组,其中土坝漫顶试验占绝大多数,这些模型试验的开展对发展完善土坝漫顶溃决机理起到了至关重要的作用,并取得了大量的试验成果和数据资料[25-30]。

自20世纪90年代以来,溃坝研究的重点开始逐渐从溃决洪水转移到溃坝机理上来,世界各国有针对性地开展了多个长期研究项目,如美国1996年启动的国家大坝安全计划(NDSP),欧盟于1998年启动的CADAM项目、2001年启动的IMPACT项目以及2004年开展的FLOODsite项目,芬兰1999年启动实施的RESCDAM项目,荷兰2007年启动并延续至今的IJKDIJK项目和我国2006年开展的"十一五"国家科技支撑计划项目——"水库大坝安全保障技术研究"等。

IMPACT项目共开展了22组室内小比尺模型试验(模型比尺1∶10～1∶7.5)及5组现场大尺度模型试验(坝高4～6 m)[31]。针对不同坝型(心墙坝、均质坝)、不同坝体几何形状(不同顶宽、不同坝坡)、不同筑坝材料(黏性材料、非黏性材料)、不同材料性能(压实程度、含水量、颗粒级配)、不同溃决模式(管涌、漫顶)等影响因素开展了较为全面的研究,得出以下结论[32]:① 土石坝在发生漫顶情况下，下游坝面的冲刷刚开始是缓慢渐进的，直至冲蚀发展到坝顶上游边缘处，这时坝体溃决过程将十分迅速；② 坝体型式、填筑材料性质、施工方法及溃口发生位置等对溃口发展有较大影响；③ 溃口边壁在坝体溃决过程中几乎是垂直的；④ 黏性土坝与非黏性土坝溃决发展过程有明显差异，主要区别在于黏性土坝溃决过程中出现明显的"Headcut"（陡坎）现象，如图1.3所示。

(a) 陡坎形成　　　　　　　　(b) 陡坎合并

图1.3　IMPACT黏性土坝漫顶冲蚀试验

美国农业部（USDA）下属的水利工程研究处则开展了多组溃坝试验来模拟不同土料均质坝的漫顶冲刷[33]。Hanson等[34,35]根据对溃坝过程的观察及试验结果的分析，提出了黏性土坝漫顶溃决陡坎式冲蚀发展过程，如图1.4所示。他们将土坝漫顶溃决发展过程划分为6个阶段：首先在漫顶水流的冲刷作用下，坝体下游坡面逐渐形成细小的冲沟，并逐渐发展成一个包含很多小陡坎的沟壑，在水流的作用下，沟壑以陡坎方式溯源蚀退，直至陡坎发展到坝顶上游边缘，此时水流的进一步冲刷将导致坝顶高程的降低及溃口的迅速展宽，溃口流量突增，最终导致坝体完全溃决。

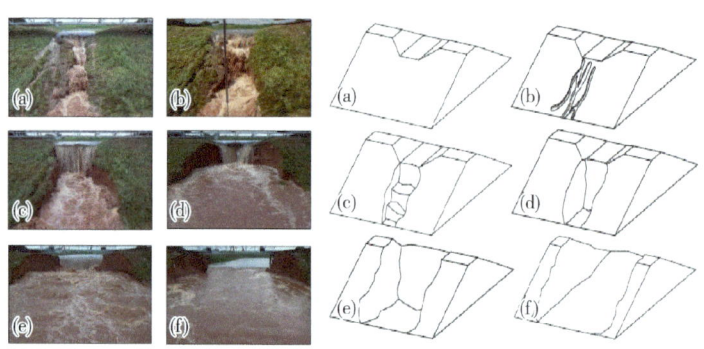

图1.4　USDA溃坝试验及提出的陡坎式冲蚀发展过程示意图

鉴于国外开展的物理模型试验,尤其是现场大尺度原型试验中普遍存在坝体偏矮、坝体材料黏性偏小等问题[36,37],南京水利科学研究院于2008—2011年开展了系统的溃坝试验研究,其中包括5组大比尺现场试验(坝高9.7 m)和34组室内小比尺模型试验(12组漫顶试验和22组管涌试验)。通过对试验结果进行分析,张建云、李云等[36]认为均质黏性土坝溃口发展过程主要由"水流冲刷引起的连续纵向下切"和"溃口边坡失稳坍塌引起的间歇横向扩展"组成,在此基础上提出了陡坎式蚀退、溃口内双螺旋流淘刷和溃口边坡失稳坍塌的均质黏土坝溃决机理,如图1.5和图1.6所示,并指出黏性土坝的陡坎式蚀退、冲蚀与坝体施工碾压过程及水流能量转换有关,而坝顶溃口内双螺旋淘刷的存在将会加剧溃口的横向扩展过程。

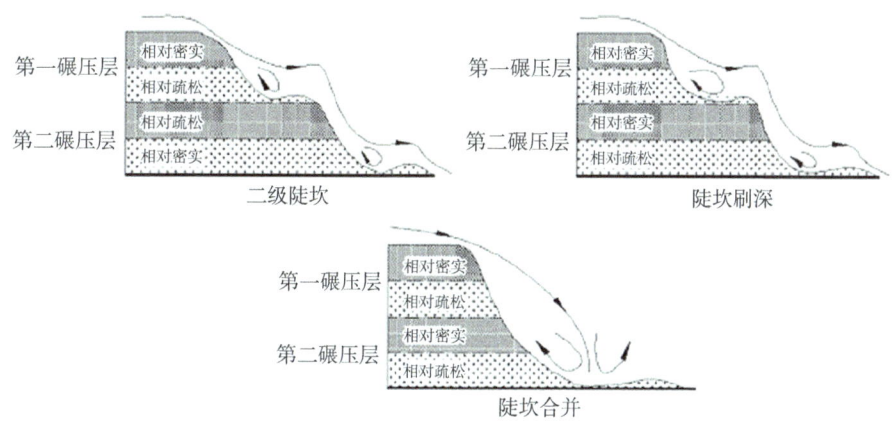

图1.5 坝体碾压分层及下游坡多级陡坎冲蚀示意图

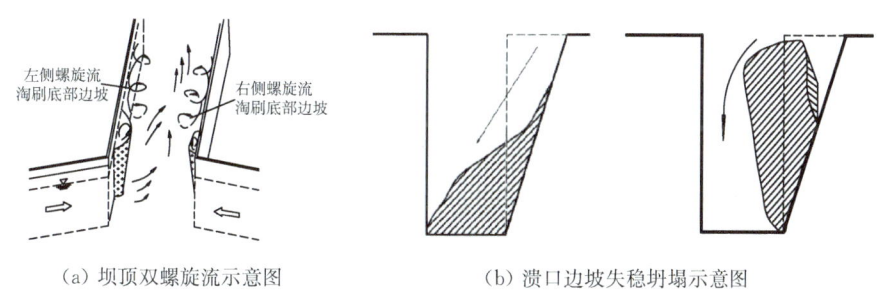

(a) 坝顶双螺旋流示意图　　(b) 溃口边坡失稳坍塌示意图

图1.6 坝顶双螺旋流及边坡失稳坍塌示意图

2004年挪威学者Hoeg K.等[38]针对不同筑坝材料土石坝的稳定性开展了专项研究,共进行了7组现场模型试验(坝长36 m,高6 m)和23组室内试验(比尺为1:5~1:10)。试验研究了土坝由洪水漫顶和管涌造成溃决的物理机理,并指出,当坝体下游坡发生冲蚀时,刚开始时过程较慢,当冲蚀深度发展到坝顶的上游坡面时,溃决过程加快,溃口先向下发展直到坝脚,然后才向两侧发展。

2006年朱勇辉,Visser P J等[39]在荷兰代尔夫特科技大学开展了5组室内堤坝溃决模型试验对溃坝机理进行了探讨,其中4组采用不同掺混比例的沙-粉沙-黏土混合料,1组为无黏性沙料。试验中观察到了水流剪切冲刷、陡坎表层流化、溃决洪水射流冲击、陡坎边坡土力学坍塌失稳等冲刷现象,同时指出:水流剪切冲刷在沙质堤坝溃决过程中占主导地位;沙-粉沙-黏土混合料中的黏性土极大地减缓了堤坝溃决冲刷的速度。通过录像等手段,朱勇辉绘制了坝体断面溃决发展过程曲线图,如图1.7所示。

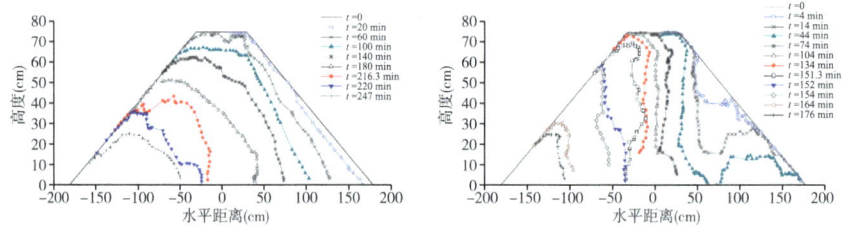

图1.7 试验坝体断面的溃决发展过程[39]

Pickert等[40]于2011年开展了一系列的漫顶试验研究,他们将均质坝的溃决过程分为两部分,并认为:坝体材料粒径决定了坝面侵蚀方式;坝面黏性对溃决过程影响很大;坝面侧向侵蚀则是连续侵蚀和边坡突然坍塌相结合的结果。

2013年,罗优[41]开展均质黏性土坝漫顶溃决试验,在试验中观测到沿程冲刷(表面剥蚀和快速剪切侵蚀)、陡坎冲刷和失稳坍塌3种主要坝体破坏类型,如图1.8所示。并基于此将土坝漫顶破坏划分为3种典型模式:陡坎蚀退冲刷模式、剪切坍塌溃决模式和缓慢剥蚀破坏模式。他认为:筑坝材料、漫顶水流大小、坝高和初始溃口尺寸等因素会改变筑坝材料强度和水流破坏能力之间的相对强弱关系,从而决定接下来的漫顶破坏模式。

  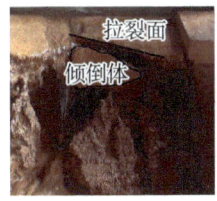 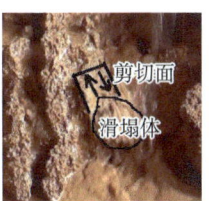

(a) 沿程冲刷　　　　(b) 陡坎冲刷　　　　(c) 失稳坍塌

图 1.8　黏性土坝溃决过程中 3 种主要坝体破坏类型[41]

综上所述,"陡坎溯源侵蚀"开始被越来越多的专家学者所认可[42-48],并在试验中予以证实,然而目前对于该冲蚀发展机理的定量分析成果仍十分匮乏,对其认知尚处于定性描述的初步阶段,该冲蚀发展形式下的水土耦合机制尚不清晰,亟待开展相关研究工作,从本质上理解掌握该冲蚀发展机理。

1.2.2　漫顶溃决过程数值模拟

溃坝水力学研究有 3 个基本任务[49]:① 预测坝体溃决相关参数,包括溃口形态、溃口形成时间等;② 溃决洪水流量过程的模拟;③ 坝体下游洪水演进等。然而由于土坝溃决过程的复杂性,对其溃决过程进行准确有效的模拟具有很大的难度。从 20 世纪 60 年代开始,世界各国学者在总结溃坝现场调查资料和模型试验成果的基础上,开展了系统的数值模拟研究工作,并提出了多个用以模拟土石坝溃决发展过程的数学模型[50-56]。按照不同的标准,专家学者们对现存溃坝预测模型有着不同的分类[57],其中最广泛通用的分类方法是将模型划分为基于参数的数学模型和基于物理过程的模型,而基于物理过程的模型又可分为基于简化物理过程的模型和基于真实详细物理过程的模型。

(1) 基于参数的数学模型

该类模型通常利用以往溃决案例的资料数据,采用统计回归的方法进行建模,模型中广泛应用溃决基本参数(如初始库水位、坝体形态、溃决历时、最终溃口深度和溃口宽度、溃口边坡坡度等);同时还有一些模型利用溃坝过程关键参数,通过简单的时变过程来模拟溃口的发展[58]。然而令人遗憾的是较少有模型考虑到坝体材料的抗冲蚀特性,而坝体材料的抗冲蚀特性在溃口发展过程中起着至关重要的作用[59-62]。这类模型一般比较简单,对输入数据的要求也较少,使用起来比较方便,但是由于并未涉及真实的溃坝机理,导致模型准确度不够,计算结果相对不稳定。

(2) 基于简化物理过程的溃坝模型

这类模型综合了水力学、土力学、泥沙运动力学及水文学等学科，通常将溃坝过程进行不同程度的简化，比如将溃口横向扩展简化为矩形、三角形或梯形发展；运用宽顶堰流或者孔流公式进行流量计算；水流流量关系曲线近似为线性或者简单的幂函数等[63,64]。一些利用数值分析方法进行求解的溃坝模型在对溃口发展的模拟上有所改进[65-68]，然而只有较少的模型对黏性土坝陡坎冲蚀特性和冲蚀过程中的清水非平衡输沙进行了考虑，大部分模型对溃决冲蚀发展过程的假设与实际溃坝过程存在较大的差异，这也导致了其对溃决参数预测过程中仍然存在较大的不确定性。近年来，不少专家学者开始着手研究发展能够对漫顶和管涌情况下坝体溃决过程进行有效模拟的更加复杂且基于溃坝物理过程的溃决模型。

(3) 基于真实详细物理过程的溃坝模型

该类模型利用水动力学和泥沙输移理论，加入先进的数值算法如黎曼数值解法、总变差减小(TVD)格式等对溃坝过程进行模拟[69-72]，整体结构较复杂，可有效对溃决发展过程进行模拟。然而其不可避免地受限于建模时对溃决机理的认知水平，尚处于初步发展阶段，现有模型大部分仍直接借鉴天然河道水平输沙公式来对坝体的冲蚀速率进行估计，导致预测结果存在较大的不确定性。

陡坎冲刷理论是近些年来才被发现并加以重视的全新的黏性土坝漫顶溃决机理，很多专家学者陆续针对这一机理开展研究工作并尝试建立相应的数学模型对溃坝过程进行模拟。De Ploey[73]、Temple 和 Moore[74-75]、Hanson[76]等采用简单的计算公式把陡坎冲刷速度和陡坎处水流能量通过材料参数联系在一起。其他一些专家学者则在考虑较多因素的基础上建立起了一些相对复杂的模型[77]，如表1.4所示。

总体来讲，现阶段对黏性土坝的溃坝模拟研究取得了很大进展，但是由于土坝溃决过程极其复杂，影响因素众多，不确定性较大，迄今为止人们对其溃决机理的认知还十分不完善，在此基础上建立起来的土坝溃坝数学模型仍存在很多需要改进的地方。现有溃坝数学模型的研究对象大多针对非黏性土坝，在计算过程中多采用表面切应力分析法和泥沙输移理论来描述水流对坝体的冲蚀过程，没有很好区分溃坝水流对坝体的冲刷速度和水流的输沙能力[78]。目前对于陡坎冲刷的研究仍处于起步阶段，对陡坎形成、发展和冲刷作用机制的认识尚不完善，缺乏一个获得广泛认可的陡坎冲刷模型。

表 1.4　主要陡坎冲蚀模型总结

模型名称(开发时间)	陡坎移动速度	注释
De Ploey(1989)	$U = Kq[g + u^2/2h]$	式中：U 为陡坎移动速度；K 与 k_d 为材料参数；q 为单宽流量；g 为重力加速度；u 为陡坎边缘处速度；Δt 为陡坎垂直壁面移动时间；L 为陡坎一次移动的距离；D 为床面冲刷深度；h 为陡坎高度；m、n 均为经验系数；E 为土体冲蚀速度；E_v 为引起坍塌所需冲蚀量；θ 为冲射水流与水平面的交角；T_r 为参考时间；ΔT^* 为一次移动的无量纲时间；Δl_1 为水流剪切应力对陡坎壁面的冲刷长度；Δl_2 为泥沙输运引起的陡坎移动距离；S_f 为床面冲坑宽深比；T 为坍塌的平均长度；γ 为水的容重；a 为经验指数
Temple(1992)	$U = Kq^m h^n$	
Temple 和 Moore(1997)	$U = K[(q\gamma H)^a - E'^a]$	
吴卫民 等(1999)	$U = \dfrac{\Delta l_1 + \Delta l_2}{\Delta t}$	
Hanson 等(2001)	$U = \dfrac{TE}{E_v}$	
Alonso 等(2002)	$U = u_e \sqrt{\dfrac{\rho_w k_d \sin^2(\theta/2) q}{2(S_D^* - h)}}$	
Stein 和 LaTray(2002)	$U = \dfrac{L}{\Delta T^* \cdot T_r}$	
Flores-Cervantes 等(2006)	$U = \dfrac{1}{S_f}\dfrac{dD}{dt}$	
朱勇辉 等(2005)	$U = \dfrac{L}{\Delta t}$	

1.3　漫顶溃决水流研究现状

黏性土坝漫顶溃决是水土两相相互耦合、逐步发展的复杂过程，其溃决发展涉及水流冲蚀主动力和坝体材料被动抗力的综合作用，因此对于溃坝问题的研究包括两大核心问题：溃坝水流结构和水土两相耦合作用。很多专家学者通过数值模拟和室内物理模型试验相结合的手段对溃决冲蚀水流的水力特性进行了探讨，并取得了丰硕的研究成果[79-83]。

谢任之[84]对溃坝不恒定流进行了系统全面的研究，编写了《溃坝水力学》一书，在书中他对溃坝峰值流量、坝趾流量过程线以及下游洪水演进等问题进行了详尽的阐述。Cheng[85]和 Tingsanchali 等则分别在理论分析和物理模型试验的基础上建立了相应的溃决模型，对溃坝流量过程进行了模拟分析。

Chinnarasri 等[86]在 2003 年开展物理模型试验对土石坝漫顶水流特性进行了探讨。他们将初始漫顶水流划分为上游亚临界流区域(缓流区)、坝顶临界流区域、坝体下游坡超临界流区域(急流区)以及尾水亚临界流区域(水跃之后缓流区)四个特征区域。并指出在各个区域，水流的冲刷能力存在较大差别，在对土石坝漫顶溃决机理进行研究时需特别加以考虑。

Schüttrumpf 等[87]对涌浪漫顶条件下堤坝内陆坡面上的水流流速和坝面水深进行了分析。他们认为在发生水流漫顶情况下，下游坝面的水深和流速对于坝体冲蚀速率起着决定性作用，是对堤坝进行安全分析时不可忽视的两个参数变量。并着重对影响下游坝面水深和流速的几个重要因素进行了敏感性分析，结果显示：在其他条件相同时，下游坝坡越陡，则坝面水流流速越大，相应的坝面水深则越小；下游坝面越粗糙，则漫顶水流流速越小，坝面水深相对增大；漫顶水流初始流速越大则下游坝面水深也随之大幅增加；而水流初始漫顶水深越大，则下游坝面相同位置的水流流速也越大，且增幅明显。2014 年，Trung 等[88]开展了类似的研究工作，他们着重对漫顶水流流速和坝面水深进行定量分析，得到了一系列相关的预测公式。

2005 年，Temple 等[89]结合美国农业部(USDA)开展的物理模型试验成果，对溃坝洪水流量问题进行了总结分析，他们认为黏性土坝漫顶溃决是一个分阶段逐步溃决的过程，过坝洪水流量在各个溃决阶段有着截然不同的规律特性。在漫顶初始阶段，漫顶洪水流量可以利用宽顶堰流公式来近似计算；而当形成陡坎之后，溃坝水流变得极其复杂，对于溃决流量的计算需要综合考虑上游坝坡以及陡坎相对高度的影响。

山区河道及平原黏土河床水系在水流的长期冲蚀作用下，有可能会形成天然跌水现象，被称之为"Headcut"，即陡坎地貌，如图 1.9 所示。陡坎冲刷将造成严重的水土流失，并携带大量泥沙汇集到下游河流中，对河流生态环境产生极大的负面影响，引发众多学者对其开展相应的学术探讨。1989 年，Robinson[90]针对这一现象开展了专门的水槽试验研究，通过布置热膜风速仪和压力传感器的方式获取了陡坎底部的压力、应力分布情况。在对成果进行分析后认为，在不同的水流条件下，陡坎下部结构所承受的压力和应力情况是随时空不断变化的，具有较强的脉动特性，其峰值与平均值相比有时可相差一两个数量级。Jia 等[91]也在 2005 年针对此问题开展了物理模型试验和相应的数值模拟研究工作，并着重总结分析了不同水流参数和土壤特性对冲蚀发展过程的影响。

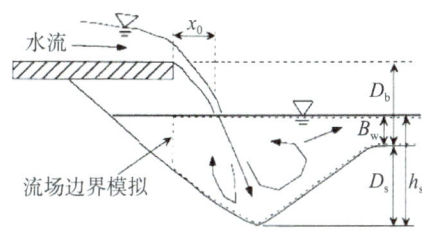

(a) "Headcut"地貌　　　　　　　　(b) 物理模型试验

图 1.9　"Headcut"地貌及相关物理模型试验

Frenette 等[92]认为陡坎水流落点上游侧形成封闭完整漩涡的条件比较苛刻，在实际的溃坝过程中出现的概率很小，而半封闭不完整涡才是可能出现的主要水流特征，如图 1.10 所示。他们采用数值模拟的手段对这一假设做了初步探讨，通过设定不同的边界条件对垂直入射工况下两种水流结构进行了模拟，分析了陡坎水平底面和垂直面上的剪切应力分布，并认为不完整涡造成的破坏性更大，将会极大地加速侵蚀的发展进程。

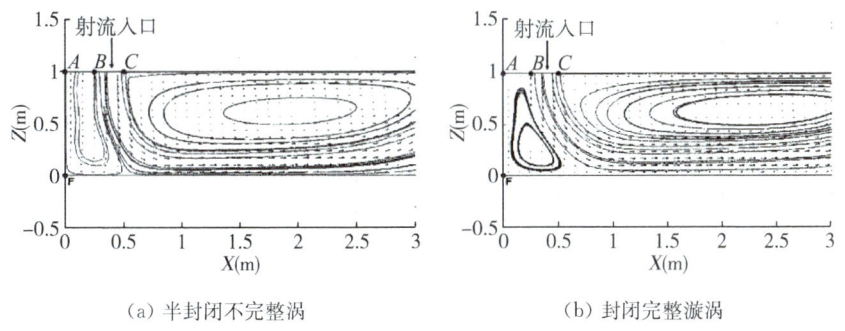

(a) 半封闭不完整涡　　　　　　　　(b) 封闭完整漩涡

图 1.10　水流落点上游侧不同形式的漩涡假设[92]

张建云等[93]在开展土坝漫顶溃决原型试验的基础上指出：当漫顶水流在坝体下游坝坡中上部冲刷形成冲坑之后，坝面水流流态将迅速发生变化，冲坑内的流速、应力重分布将进一步加剧冲坑的发展。他们同时指出，漫顶水流在初始溃口两侧边壁处各存在一股螺旋流，即双螺旋流，如图 1.11 所示。双螺旋流的存在使得溃口内流态呈现三维特性，增大了水流的挟沙能力，促进了溃口的横向扩展。

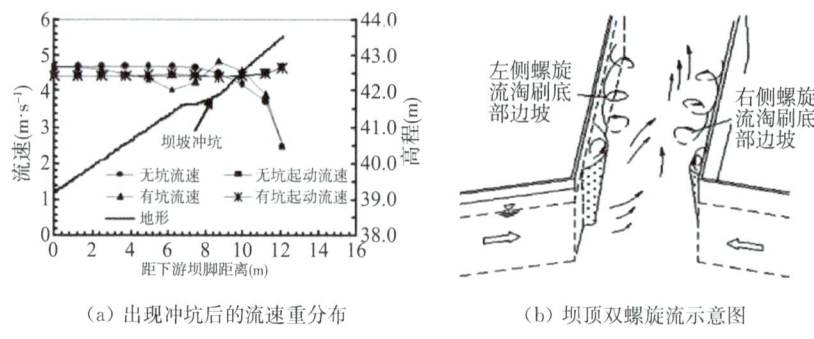

（a）出现冲坑后的流速重分布　　　　（b）坝顶双螺旋流示意图

图 1.11　冲坑内流速重分布及坝顶"双螺旋流"示意图

2008 年 Briaud 等[94]采用 level-set RANS 方法，以美国新奥尔良堤坝为原型，计算了漫顶水深为 1 m、坡度为 1∶5 的堤坝漫顶过程中坝面切应力的非恒定变化过程。研究发现：在堤坝漫顶过程中，上游坝面的切应力值始终较小；而在下游坝面，随着水流流向坝脚，水舌部位的切应力瞬时峰值存在减小趋势，如图 1.12 所示。李云[95]和 Jeremy A. Sharp[96]等专家学者同样对坝体下游坡面水流的水力特性进行了数值分析，他们采用不同的数值模拟方法开展研究，获得了较为一致的成果：漫顶水流切应力随漫顶水深的增加而增大，并在坝肩和坝趾处存在剪切应力突变极值，中间坝面区域切应力则沿程逐渐增大。

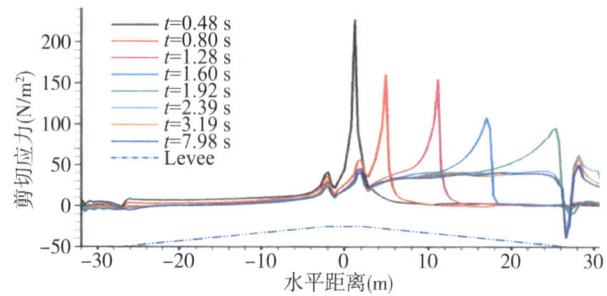

图 1.12　堤坝表面剪切应力非恒定变化过程

曹志先等[97]假定土石坝溃口形状，针对临界漫顶及坝体完全淹没两组不同工况开展了定床物理模型试验和三维数值模拟工作，对溃口内部水流三维流场、壁面剪切应力等关键指标进行了探讨。其研究结果表明：高强度壁面切应力可能是导致坝体侵蚀的主要因素，三维流动产生的强湍动能使得侵蚀泥沙能够迅速扩散到水体当中，并随着水流的运动不断向下游输移。

我国大多数水库大坝修建在山区,溃坝洪水传播过程常具有一维特征,而相应的淹没影响区域则多处于下游平原区,因此具有较强的平面二维特征。黄金池等[98]对以往一、二维嵌套接口模型进行了评估,并在此基础上建立了一种统一二维模型对实际溃坝流量过程进行模拟,避免了模型嵌套所引起的一些问题。隆文非等[99]采用类似的方法,将参数模型、瞬时全溃模型和物理成因模型有机结合来对溃坝洪水进行预测分析,结果显示将3种模型有机结合可有效提高洪水的预测精度。

夏军强等[100]采用有限体积法,结合时间方向的预测-校正格式以及空间方向的 TVD-MUSCL 格式,建立了基于无结构三角网格的二维水动力学模型来对复杂边界及实际地形上的溃坝洪水流动过程进行模拟;方杰等[101]通过采用 Youngs-VOF 方法追踪流场自由面、利用人工压缩方法求解不可压缩流体控制方程等方式对溃坝洪水瞬变现象进行仿真;Chowdhury、缪吉伦和张健等学者[102-104]通过采用 SPH(光滑粒子流体动力学)方法对溃坝水流运动进行了探讨,如图 1.13 所示。这些专家学者的研究成果为溃坝水流研究的进一步发展提供了新的研究途径。

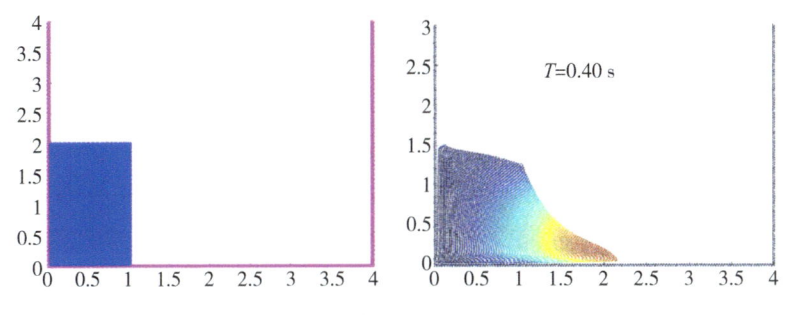

(横纵坐标均代表长度尺度,单位 m)

图 1.13 瞬间溃坝水流 SPH 模拟

总体来看,先前国内外对于溃坝水流的模拟集中在一二维水流,且大多不考虑溃口变化与溃决洪水之间的相互影响,如:假定坝体瞬间全部溃决或者瞬间局部溃决,没有准确体现黏性土坝陡坎式冲蚀发展机理;研究内容主要侧重于溃决峰值流量预测以及下游洪水演进问题,以获取流量变化、水位变化、行进特征为主要研究目标。虽然漫顶水流水力特性对于溃口发展过程的重要性在近些年来被越来越多的专家学者所重视,他们相继开展了一系列的研究工作,但是对于溃坝典型水流尤其是溃决发展过程中陡坎冲射水流的水力特性等的研究仍偏少,尚处于起步阶段,极大地制约了溃决机理研究的进一步发展和完善。国内外与陡坎冲射水流相关的研究多见于阶梯溢洪道以及跌坎式底流消能工的水流特性研究[105-107]。然而,绝大多数阶梯溢洪道的台阶都比较小,溢流过坝水流基本以"滑行水流"为主;而跌坎式底流消能工的台阶出流则多为淹没出流,水流条件均与溃坝陡坎冲刷相比存在较大的差异。因此,针对土坝漫顶溃决水流开展系统深入的研究工作,透彻掌握其水力特性意义十分重大。

1.4 坝体材料抗冲蚀特性研究现状

土坝坝体材料的抗冲蚀特性在土坝漫顶溃决发展过程中起着至关重要的作用,不同材料特性的坝体在相同的洪水来流情况下将呈现不同的溃决发展模式,直接导致不同的洪水流量和洪水演进过程[108],给下游防洪预警带来极大的不确定性。世界各国学者分别从不同的角度针对土料冲蚀开展了大量的研究工作,Albertson 等[109]、Beltaos 等[110]、Fogle 等[111]和 Robinson[112]对施加在土料上的剪切应力进行了研究;Arulanandan 等[113]、Stein 等[114]以及 Hanson 等[115]通过开展物理模型试验对影响土体冲蚀的各因素进行了探讨;同时 Stein 等.还对不同试验条件下土体冲蚀深度随时间的变化规律进行了总结。Wan 等[59]和 Briaud[60]曾分别开展试验研究,对不同条件下的冲蚀主导因素进行了探讨分析,并尝试利用各土料参数建立相应的预测公式。

1.4.1 土料冲蚀影响因素分析

在漫顶溃坝洪水作用下,影响土体侵蚀的因素多种多样,按照其本质属性可简单划分为:土料特性、水流特性和几何特性三大类,如表 1.5 所示。对于黏性土料,土壤颗粒之间的黏性力通常要比单颗粒的重力要大很多,其抗冲蚀特性主要依赖于黏性土料之间的黏结力[116],此外,由于黏性土物质组成的复杂性使得它的冲刷不仅是复杂的物理、力学现象,同时还与其结构特点、化学特性、矿物组成等密切相关。

表 1.5　土体冲蚀影响因素

属性	具体参数
土料特性	颗粒粒径、压实度、含水量、级配、液限、塑限、抗剪强度、黏土成分、孔隙率、黏粒含量、内摩擦角、渗透性、温度、干密度等
水流特性	密度、黏性、速度、温度、pH、盐度、钠含量、水力梯度、雷诺数等
几何特性	冲刷形式、冲射角度等

Hanson 等[117]通过开展物理模型试验,研究了不同土料参数对土体抗冲蚀特性的影响。试验结果表明土料的颗粒级配、含水量以及干密度对于其抗冲蚀特性起重要的作用,不同土样的抗冲蚀特性会相差好几个数量级。

洪大林等[118]对中运河、淮河入海水道、长江长兴岛等河道原状土进行了起动试验研究,结果显示,对于同一河道原状土,淤泥质黏土的起动切应力随抗剪强度、含水量的增大而减小;粉质黏土的起动切应力与抗剪强度、含水量呈非线性关系;黏土的起动切应力则随抗剪强度以及含水量的增大而增大。

Jang 等[119]利用自制的 UMETB 设备针对海浪漫过堤坝防浪墙对坝体造成的垂直入射冲刷开展了系列冲蚀试验。在试验中他们着重对不同材料特性(黏粒含量、压实度、含水量等)对冲蚀效果的影响进行了探讨,分析认为：通常情况下,坝体材料的黏粒含量越高,其抗冲蚀性能越好,但是当黏粒含量超过20%时,坝体材料的抗冲蚀性能与黏粒含量之间没有明显的规律性。他们同时指出黏性土料中若含有高膨胀性矿物质,会大大降低其抗冲蚀特性。

土体的抗冲蚀特性受到土料特性、水流特性以及相关几何特性的影响,影响因素众多,因此,到目前为止,仍然没有一个普遍适用的冲蚀特性规律模型。对于黏性均质土坝漫顶溃决,各影响因素按照人工的可干预程度又可分为以下两类：① 较难干预的参数,包括上游来流条件、土体浸润饱和程度以及水流施加的剪切应力等；② 人工可控的影响因素主,包括土料的压实度、黏粒含量和坝体土料颗粒级配等。在坝体填筑时,需综合考量各可控参数对坝体抗冲蚀特性的影响来进行最优化的选择。

1.4.2　土体起动研究现状

土体的冲蚀起动受多种因素的影响,其中水流剪切应力被众多学者公认为是造成坝体侵蚀的最主要因素之一。定义土粒刚好起动时的水流切应力为起动切应力,则当水流有效剪切应力大于起动剪切应力时使会对土体造成侵蚀破坏。对于无黏性土料而言,重力是最主要的作用力,以往专家学者通过高清相机记录泥沙起动,揭示了非黏性土起动的两个主要机理:滑动和滚动[120],如图1.14 所示。

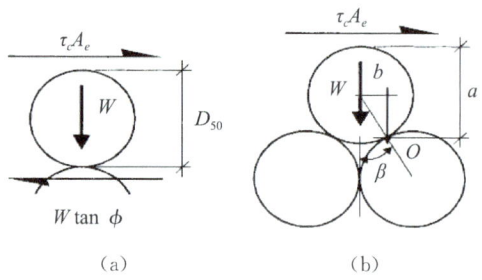

图 1.14　非黏性土两种起动机理示意图

然而对于黏性土料,颗粒间的黏结力加强了土体的抗冲蚀特性,使得黏性土往往具有成块起动的现象,很多专家学者对黏性土的起动特性开展了相应的研究工作。

Kamphuis 等[121]采用加拿大麦肯锡河河床的黏性土料开展了 24 组水槽试验研究,试验结果表明:土体的起动切应力与土壤的自身性质有关,并随着抗剪强度、塑性指标、黏粒含量以及固结压力的增大而增大。

黄岁梁等[122]对黏性类土的起动临界条件成果进行了总结分析,在借鉴黏土边坡稳定性分析研究成果的基础上,提出了一种新的黏土起动模式,如式(1.1)所示:

$$\frac{\tau_c + \rho_s g \alpha l}{\tau_0} = c \tag{1.1}$$

式中:τ_c 为水流切应力;τ_0 为单位面积上黏性土抗剪力;ρ_s 为黏土密度;α 为河床纵坡;l 为起动土体的弧长;c 为综合系数。

韩其为等在考虑黏着力和薄膜水附加下压力的基础上,对土块成团起动的临界条件进行了研究探讨,获得了成团起动的起动流速。通过对结果进行分析认为,水深对土体的成块起动无直接影响,成块起动在任何水深情况下都有可能发生。

张兰丁[123]则根据近些年来明渠均匀紊流的相关研究成果,对黏性泥沙的起动进行了分析,并提出了固结黏土起动流速的计算公式,如式(1.2)所示。他认为除了水流的作用以外,黏性泥沙的组成及结构也对其起动特性影响重大。

$$U_c = \left(\frac{\rho_s{'}}{\rho_s}\right)^5 \left(\frac{C}{\rho D}\right)^{1/2} \tag{1.2}$$

式中:ρ_s 为 1.6 g/cm³;$\rho_s{'}$ 为湿密度;C 为咬合力系数;D 为当量直径。

2005年,洪大林等[116]在开展系列水槽试验的基础上对黏性原状土的起动机理进行了系统的分析。他们认为,黏性土体结构中总是会出现某些损伤(裂口、擦伤、凹陷等),水流对土体产生的应力作用容易在其非均匀缺陷处集中,从而引发破坏冲刷过程。在进一步理论分析的基础上,推导了黏性原状土起动切应力的计算公式:

$$\tau_c = \frac{2}{(5.75 \lg 10.6\chi)^2} C_2 \tau_f \tag{1.3}$$

式中:χ 为考虑壁面糙率的参数;τ_f 为抗剪强度;C_2 为系数。

1.4.3 土体的冲蚀速率研究现状

当土体在水流作用下起动之后,其冲蚀速率取决于土体自身抗冲蚀特性以及作用在土体的水流特性两方面。其中水流作用为冲蚀主动力;土体的抗冲蚀特性则为被动抗力。定义土体的冲蚀速率 E 为在单位时间内,水流从单位面积土体上冲蚀带走的土量,或者为在单位时间内,水流冲刷土体的高度。

Shaikh 等[124]通过在矩形水槽中开展平面水流冲刷试验总结出了土体冲蚀速率与壁面切应力之间的相关关系。2001年,Verheij 对该模型进行了补充完善,并提出土体冲蚀速率计算公式如下[125]:

$$\begin{cases} E = 0 & \tau_b < \tau_c \\ E = C_E \tau_b & \tau_b \geqslant \tau_c \end{cases} \tag{1.4}$$

式中:

$$C_E = \frac{1.85 \times 10^{-4}}{\tau_c} \tag{1.5}$$

$$\tau_c \approx 4U^2 \tag{1.6}$$

近些年来，许多专家学者[126]均认为水流产生的过度剪切应力（$\tau_b-\tau_c$）是土体起动的主要诱因，并在冲蚀速率的计算过程中以不同的方式将过度剪切应力的概念引入，取得了良好的效果。该类方程的一般形式如式(1.7)和式(1.8)所示：

$$E=K_d(\tau_b-\tau_c)^\xi \tag{1.7}$$

$$E=K'\left(\frac{\tau_b-\tau_c}{\tau_c}\right)^\xi \tag{1.8}$$

式中：E 为冲蚀速率；τ_b 为壁面剪切应力；τ_c 为起动剪切应力；K' 和 K_d 为土体冲刷系数；ξ 为指数，对于黏性土，通常等于1。

在过度剪切应力冲蚀模型中，K_d 和 τ_c 代表了土体的抗冲蚀特性；τ_b 代表了相应的冲蚀水流特性，该公式的提出使用通常假设河床土料性质沿深度方向比较均一，若考虑沿深度方向的密度增加，Parchure 等[127]提出了一个新的冲蚀速率计算模型，如下所示：

$$E=E_0\exp[K(\tau_b-\tau_c)^{0.5}] \tag{1.9}$$

式中：E_0 和 K 为通过试验数据获取的常量系数。

Hanson 通过开展明渠河道冲刷试验认为，对于天然河道，可以适当假设土料的起动切应力为 0，则式(1.7)可以简化为以下形式[125]：

$$E=k_d\tau_b \tag{1.10}$$

通过这种简化方式，他得到了与式(1.4)相类似的方程形式，然而很多其他学者认为，这种过于简化的计算模型大大增加了冲蚀速率计算结果的相对误差。

Shewbridge 等[128]认为坝坡的抗冲稳定性受以下六要素的影响：坝体几何形状、水流特性、风浪规律、防护规格、植被护坡以及土料特性。通过借鉴美国陆军工程兵团和美国材料与试验协会的相关研究成果，利用过度剪切应力冲蚀模型，他们提出了一个快速评估海岸堤坝在波浪水流作用下冲蚀性能的方法，并在实际工程案例中进行了初步应用，最后对结果进行了分析探讨。

Stein 等[114]认为水流流经跌坎将会形成急速射流，对水流落点处的土体进行迅速冲蚀形成冲坑，与此同时，由于射流能量的耗散，冲蚀速率逐渐减慢，当达到一定深度时，水流对土体的冲蚀将不再继续。采用 Rajaratnam 提出的射流公式并结合过度剪切应力冲蚀模型，他们提出了一种估算射流作用下冲坑深度发展过程的方法：

$$\begin{cases} \dfrac{\mathrm{d}D}{\mathrm{d}t} = \dfrac{k}{B}(\tau - \tau_c)^{\xi} & D \leqslant D_p \\ \dfrac{\mathrm{d}D}{\mathrm{d}t} = \dfrac{k}{B}\left(\tau \dfrac{D_p}{D} - \tau_c\right)^{\xi} & D \geqslant D_p \end{cases} \quad (1.11)$$

式中：D 为冲坑深度；D_p 射流水舌核心区长度；B 为土体的体积密度；k 为通过试验确定的常数；τ_c 为临界切应力（起动切应力）；τ 为水流产生的有效剪切应力，通过式(1.12)计算。

$$\tau = C_f \rho U_0^2 \quad (1.12)$$

式中：C_f 为摩擦系数；U_0 为射流流速。

Briaud 等[120]利用自制的 EFA 设备对黏性土料的冲蚀特性展开了专门的研究工作，并基于试验成果对比分析了水流剪切应力与土体冲蚀速率之间的相关关系。2008 年，他们将湍流产生的振荡正应力和剪切应力添加到现有的过度剪切应力冲蚀模型中，提出了一种全新的冲蚀模型[94]，如式(1.13)所示。然而虽然该模型对土体冲蚀问题考虑比较全面，但是其中引入了过多的未知参数，在使用过程中有些不便。

$$\dfrac{\dot{z}}{u} = \alpha\left(\dfrac{\tau - \tau_c}{\rho u^2}\right)^m + \beta\left(\dfrac{\Delta \tau}{\rho u^2}\right)^n + \delta\left(\dfrac{\Delta \sigma}{\rho u^2}\right)^p \quad (1.13)$$

式中：$\dot{z}$ 为冲蚀速率；u 为水流流速；ρ 为水的密度；$\Delta \tau$ 为紊动切应力范围；$\Delta \sigma$ 为紊动正应力范围；α、β、δ、m、n、p 均为系数。

综上可知，以往专家学者对土体在水流作用下的冲蚀速率进行了大量有益的研究工作，取得了丰硕的成果，然而无论是非黏性土还是黏性土，其冲蚀发展过程都是极其复杂的。以往土体起动条件、冲蚀速率模型建立都对土体冲蚀过程及影响因素进行了大量的简化，大多数模型只考虑了一两个参数变量，其余影响则用经验系数来代替，这也直接导致了各预测模型使用范围的局限性，极大地限制了各模型的预测精度。因此，进一步开展土体抗冲蚀特性研究工作，对更多冲蚀影响因素进行定量分析具有极大的必要性。

1.5 现状成果梳理及发展趋势

黏性土坝漫顶溃决是一个受众多因素影响的水土两相流固耦合过程，近几十年来,世界各国专家学者针对土石坝漫顶溃决开展了卓有成效的研究工作,取得了丰硕的成果;然而由于土坝漫顶溃决发展过程的复杂性,在当前研究过程中仍然存在很多不足,大量工作亟待开展。

1.5.1 现状成果梳理

本书对国内外专家学者的研究成果进行了系统梳理,总结如下。

(1)开展了大量现场大尺度原型试验及室内小比尺物理模型试验,对溃坝机理有了进一步的深刻认识:与以"平面剪切冲刷"为主的非黏性土坝不同,均质黏性土坝的溃决发展过程主要由"水流冲刷作用引起的连续纵向下切"和"边坡失稳坍塌引起的间歇性横向扩展"组成,陡坎式蚀退发展是其主要的漫顶溃决形式。

(2)当前国内外对于溃坝水流的研究侧重于土坝溃决峰值流量预测以及下游洪水演进问题,获得了很多较为有效的参数预测模型和风险评估手段;同时漫顶工况下的坝面水流特性已引起越来越多专家学者的重视,相继开展了一系列数值模拟研究,获取了流速等水力指标的变化规律。

(3)坝体漫顶溃决过程是水流冲蚀主动力和坝体材料被动抗力综合作用的结果。现阶段研究表明漫顶水流作用下坝体土料的抗冲蚀特性影响因素众多,对于非黏性土,重力是最主要因素,而对于黏性筑坝土料,其抗冲蚀特性主要依赖于黏性土料之间的黏结力。

(4)各国专家学者对土体起动条件及冲蚀速率开展了大量研究工作,开发了很多用于预测分析的模型方法,其中过度剪切应力模型($\tau_b - \tau_c$)得到了越来越多专家学者们的认可,被广泛应用于工程实践。

1.5.2 研究方向与发展趋势

黏性土坝漫顶溃决是一个极其复杂的物理演变过程,涉及多学科交叉,影响因素众多,在国内外已有成果的基础上,可继续开展深入研究工作的主要方向有如下三个方面。

(1)黏性土坝漫顶溃决过程极其复杂,纵观现在所有的研究工作,虽然其溃决机理研究得到了长足的发展,并在不断发展完善过程中,然而对于陡坎式冲蚀发展机理的认识还十分有限,对其发展演变机制仍没有透彻了解和掌握;且仍鲜有人对黏性土坝陡坎蚀退过程中的典型溃坝水流水力特性开展细致的研究探讨,现有溃坝研究对于溃决水流的模拟大多假设坝体瞬间全部溃决或者是瞬间局部溃决,且研究内容主要侧重于土坝溃决峰值流量预测以及下游洪水演进问题。然而,溃坝的陡坎式蚀退过程直接影响着洪水流量过程,进而主导着下游洪水演进。因此,全面了解漫顶水流对坝体的水力作用,对于透彻了解和掌握黏性土坝的陡坎式冲蚀发展机理至关重要。

(2) 以往土体起动条件、冲蚀速率模型的建立大都针对非黏性土料且对土体冲蚀过程及影响因素进行了大量的简化。大多数模型只考虑了一两个参数变量,其余影响则用经验系数来代替,这直接导致了各预测模型使用范围的局限性,极大地限制了各模型的预测精度;漫顶水流作用下,坝体材料的冲蚀有两种主要形式:平面剪切冲蚀和陡坎射流冲刷。然而令人遗憾的是,在以往溃坝的研究中,人们普遍基于平面剪切冲刷假设,直接借鉴天然河道泥沙输移公式来对坝体的冲蚀速率进行估计,对陡坎射流冲刷作用下土体的冲蚀特性没有足够重视,因此溃坝水流作用下坝体的抗冲蚀特性也是需要不断进行深入探索的研究方向。

(3) 目前国内外对坝体冲蚀速率的研究工作及所取得的相关成果大多针对河道泥沙,而土石坝筑坝材料在漫顶水流作用下的冲蚀过程与河道泥沙冲刷存在较大的差异,突出表现在溃坝水流的高流速、高剪切应力及人工坝体材料的强抗冲蚀特性等方面。且由于受到国内外堤坝形式、用途以及筑坝材料性质的影响,很多现有模型的经验系数并不能很好地通用。因此,有必要针对我国典型筑坝材料的抗冲蚀特性开展相关研究工作,建立具有一定精度的溃坝预测模型,为防洪抢险和应急决策提供参考和依据。

除此之外,对于漫顶溃坝,作者认为尚有大量针对性研究工作亟待开展,也是未来溃坝水力学研究发展的趋势。

(1) 现今土石坝建设中,为了达到良好的防渗效果,很多大坝都采取了添加心墙的方式,黏土心墙坝的溃决过程与均质黏土坝亦有所差异,对其溃决机理及冲蚀发展过程需开展有针对性的研究工作。

(2) 黏性土坝漫顶溃决过程可以分为"纵向陡坎蚀退"和"横向间歇性坍塌扩展"两个主要方面,两者在一定程度上耦合交替进行,共同影响着坝体溃决过程,对溃决历时、溃口流量等产生直接影响,需进行重点关注。

(3) 在当前数字时代,"四预"数字孪生是国家战略需求,在最新溃坝机理研究基础上,结合先进技术手段建立能够对土坝漫顶溃决过程进行有效模拟的三维可视化仿真模型是接下来一个重要发展趋势,可为防洪抢险提供直接技术支撑,大幅提升应急处置能力。

第 2 章

漫顶溃决水流水力特性模型试验研究

黏性土坝漫顶溃决涉及水土两相耦合作用,水流作为漫顶溃决的冲刷主动力对于坝体溃决发展起着主导性作用。立足当前世界上公认的黏性土坝陡坎式蚀退发展理论,基于南京水利科学研究院大量现场大比尺溃坝试验相关研究成果,本书对整个漫顶溃决发展过程进行了阶段划分,并针对各阶段的典型水力特性开展了细致的试验研究,相关成果有助于从本质上了解水流对坝体的冲蚀作用,为进一步发展完善土坝漫顶溃决机理,透彻掌握土坝溃决发生、发展规律提供相应的技术支撑。

2.1 土坝漫顶溃决典型水流形式

黏性土坝一旦发生洪水漫顶,漫顶水流将对坝顶及坝体下游坡面产生连续的冲刷作用,在坝体相对薄弱位置不可避免地出现冲坑,改变了原有的水流结构。Ralston[129]早在 1987 年就开始对陡坎水流在漫顶溃决中的作用进行了探讨;Powledge 等[130]认为初始冲坑可能发生在坝体下游坡面的任何位置,他指出水流从坝顶流至下游坝面的时候存在一个较小的初始冲射过程,这将给坝体的冲蚀带来极大的影响;李云等[131]通过开展大尺度现场原型试验(试验坝体高 9.7m)观察到漫顶水流对下游坝面产生的初始冲坑通常出现在坝体中上部,约 4/5 坝高位置,而并非通常认为的坝脚处。

结合国内外众多物理模型试验成果可知,黏性土坝遭遇超标准洪水等极端工况发生漫顶事故时,来流通常存在一个从小增大的过程,水流首先对坝顶和坝体下游坡面的上部进行冲蚀,形成小冲沟,并逐渐延伸至坝脚;考虑到漫顶水流在坝顶下缘受到体型突变影响而产生的初始冲射现象,可推断在真实黏性土坝溃决发展过程中,初始小冲坑通常发生在坝体中上部,尤其是在漫顶水流初始冲射落点位置的可能性极大。基于此,借鉴南京水利科学研究院现场大比尺溃坝试验成果,考虑溃坝发展过程中水流特性的差异,可将整个黏性土坝溃决过程划分为以下5个特征阶段:a. 坝体原始状态;b. 初始漫顶阶段;c. 溯源蚀退阶段;d. 坝体急剧溃决阶段;e. 最终溃口形成。

初始漫顶阶段是水流刚刚漫顶至坝体下游坡面出现较小沟壑的阶段,在该阶段漫顶洪水尚未形成较大溃口,坝面水流基本与下游坡面平行,以表面冲刷为基本特征;溯源蚀退阶段为坝体溃口形成并不断向上游侧发展的阶段,该阶段以坝体纵向发展为主,并伴随着溃口间歇式横向坍塌扩展,溃坝水流不再是单纯的表面冲刷,而是主要以陡坎式射流冲刷为主要特征;坝体急剧溃决阶段是指坝顶高程迅速降低,流量剧增,同时溃口急剧扩宽的阶段,该阶段历时较短,以坝体横向扩展为主,溃坝水流以大流量表面冲刷为主要形式。

土坝漫顶各溃决阶段及相应的典型水流冲刷形式如图2.1所示。假设坝体横向扩展过程与坝顶高程的降低存在一定的相关关系,并考虑到大规模横向扩展现象通常发生在整个溃决过程的中后期(坝体急剧溃决阶段)且历时较短,因此本研究仅对黏性土坝纵向蚀退溃决过程开展研究工作。

(a) 坝体原始状态　　　　(b) 初始漫顶阶段(表面冲刷水流)

(c) 溯源蚀退阶段(陡坎式冲射水流)

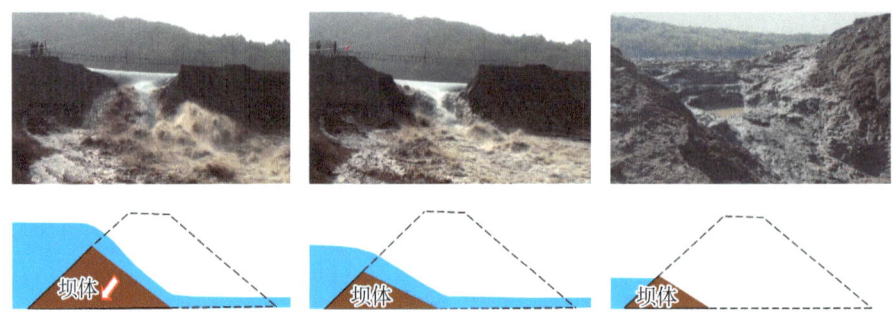

(d) 坝体急剧溃决阶段(大流量表面冲刷)　　(e) 最终溃口形成

图 2.1　黏性土坝漫顶溃决典型溃决阶段划分

2.2　物理模型设计及试验方案

2.2.1　试验装置

土坝漫顶溃决典型水流水动力特性试验研究在透明有机玻璃循环水槽中进行,整个模型由水泵、高精度变频调速器、循环水槽、坝前稳水设施、坝体试验段等部分组成。具体模型布置如图 2.2 所示。水槽有效试验段尺寸为:长 2.0 m×宽 0.2 m×高 0.4 m;为了便于流场结构的量测,坝体模型采用透明有机玻璃制作,宽 0.2 m×高 0.2 m,上游坝坡为 1:2,下游坝坡则基于现场大比尺溃坝试验成果确定,通过假定坝体溃决发展过程中的典型体型结构进行建模,分别对表面冲刷水流、各种体型下的陡坎冲射水流开展试验研究。

第2章 漫顶溃决水流水力特性模型试验研究

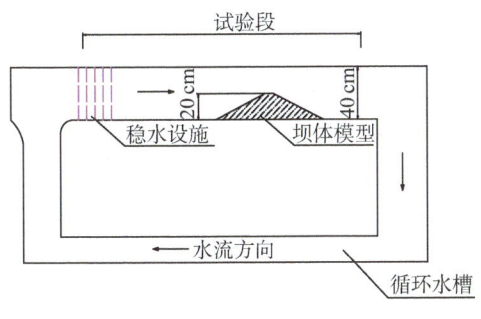 

(a) 模型布置示意图　　　　　　　(b) 循环水槽

图 2.2　试验模型布置

2.2.2　试验量测系统

在试验过程中,通过水泵在循环水槽中获得稳定的循环水流;采用高精度变频调速器调节水泵频率,进而调整坝前来流;水槽试验段入口处设置多道窗纱铁丝网,用来稳定水流,尽可能消除坝前来流的紊动特性;漫顶水流的流场和涡量场结构等则通过采用高精度无干扰流场测试技术——粒子图像测速技术(PIV,见图 2.3)进行量测;而坝面水深、水舌落点位置等几何特征指标则通过钢尺进行测量;布设高清 CCD 摄像机对整个试验过程进行实时记录,便于校核和数据挖掘。

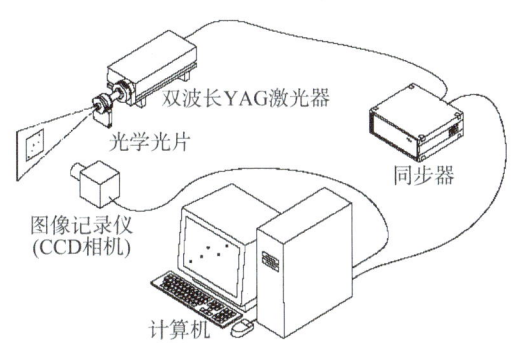

图 2.3　PIV 量测系统示意图

2.2.3　试验工况

通过对黏性土坝漫顶溃决宏观溃决阶段进行划分,获取了各阶段独特的坝

027

体形态特征,基于此,对各溃决阶段的典型水流水力特性开展试验研究。试验工况如表 2.1 所示,其中编号的含义为:试验(E)陡坎个数—陡坎高度—漫顶水深;试验坝体模型采用透明有机玻璃制作,上下游原始坝坡均为 1∶2。

表 2.1 溃坝水流试验工况

编号	水流形式	陡坎个数	陡坎高度(cm)	漫顶水深(cm)
E0-0-2	表面冲刷水流	0	—	2
E0-0-3	表面冲刷水流	0	—	3
E0-0-4	表面冲刷水流	0	—	4
E0-0-5	表面冲刷水流	0	—	5
E0-0-6	表面冲刷水流	0	—	6
E1-4-2	陡坎冲射水流	1	4	2
E1-4-3	陡坎冲射水流	1	4	3
E1-4-4	陡坎冲射水流	1	4	4
E1-4-5	陡坎冲射水流	1	4	5
E1-4-6	陡坎冲射水流	1	4	6
E1-6-2	陡坎冲射水流	1	6	2
E1-6-3	陡坎冲射水流	1	6	3
E1-6-4	陡坎冲射水流	1	6	4
E1-6-5	陡坎冲射水流	1	6	5
E1-6-6	陡坎冲射水流	1	6	6
E1-8-2	陡坎冲射水流	1	8	2
E1-8-3	陡坎冲射水流	1	8	3
E1-8-4	陡坎冲射水流	1	8	4
E1-8-5	陡坎冲射水流	1	8	5
E1-8-6	陡坎冲射水流	1	8	6
E1-10-2	陡坎冲射水流	1	10	2
E1-10-3	陡坎冲射水流	1	10	3
E1-10-4	陡坎冲射水流	1	10	4
E1-10-5	陡坎冲射水流	1	10	5

续表

编号	水流形式	陡坎个数	陡坎高度(cm)	漫顶水深(cm)
E1-10-6	陡坎冲射水流	1	10	6
E1-12-2	陡坎冲射水流	1	12	2
E1-12-3	陡坎冲射水流	1	12	3
E1-12-4	陡坎冲射水流	1	12	4
E1-12-5	陡坎冲射水流	1	12	5
E1-12-6	陡坎冲射水流	1	12	6
E1-14-2	陡坎冲射水流	1	14	2
E1-14-3	陡坎冲射水流	1	14	3
E1-14-4	陡坎冲射水流	1	14	4
E1-14-5	陡坎冲射水流	1	14	5
E1-14-6	陡坎冲射水流	1	14	6
E2-10-2	陡坎冲射水流	2	10(10)	2
E2-10-3	陡坎冲射水流	2	10(10)	3
E2-10-4	陡坎冲射水流	2	10(10)	4
E2-10-5	陡坎冲射水流	2	10(10)	5
E2-10-6	陡坎冲射水流	2	10(10)	6

注：10(10)表示上下两级陡坎高度均为10 cm。

2.3　表面冲刷水流水力特性

尽管世界各国在土石坝设计时均强调不允许洪水漫顶，但在遭遇超标准洪水等特殊工况时，仍有许多土坝不可避免地发生漫顶而导致溃坝事故发生。土坝漫顶溃决的初始阶段以表面冲刷为主要形式，漫顶水流对坝顶和下游坡面的相对薄弱位置进行冲刷，形成初始小冲坑，进而不断发展，进入溯源蚀退发展阶段。对于黏性土坝，尽管初始漫顶阶段（表面冲刷阶段）在整个坝体溃决过程中所占时间比重相对较短，但却对整个坝体的溃决发展过程起着决定性的作用，因此对该阶段水流结构及相关水力特性开展细致的研究工作十分必要。

2.3.1 表面冲刷水流典型结构划分

要想正确认识土坝漫顶溃决发展过程,就必须透彻掌握其所遭受的漫顶冲刷水流结构,通过对试验结果进行分析,并借鉴以往专家学者的相关成果[80,86],本研究将漫顶水流划分为以下 3 个特征部分:坝前缓流区、坝顶临界流区和坝下游坡急流区,如图 2.4 所示。在坝前缓流区,水流流速较小,当来流经坝体上游坡时,整体水面线有微弱下降的趋势,且在坝顶上游边缘处,出现明显跌落现象;在坝顶中下游部位存在临界流,此时的水深为临界水深,水流在此处由缓流过渡为急流;此后水面线再次迅速降低,同时流速也迅速增大;在坝顶下游边缘处,受坝体体型变化影响,水流流向改变,流经下游坡面时,水流流速沿程急剧增大。在坝趾处水流结构紊乱,通常会在较浅的尾水区域形成远驱式水跃。

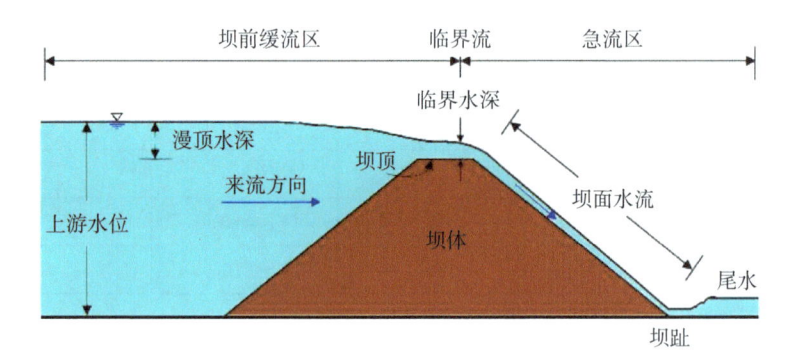

图 2.4 表面冲刷水流典型结构划分示意图

2.3.2 表面冲刷水流水力特性分析

土石坝漫顶水流在接近坝体时,水面线沿程不断下降,在到达坝顶附近时会呈现明显下降趋势,不同坝面位置水深相差甚大。在以往相关研究中,对漫顶水深尚无明确统一的定义,各位专家学者对漫顶水深的选取都不尽相同。尽管如此,对其选取的原则却十分一致,即:尽量取较远处的堰上水深作为漫顶水深,以避免受到水面跌落的影响。现存的土石坝漫顶溃决数学模型中采用的堰顶水深通常取为堰顶上游约五倍水头处的漫顶水深。本研究借鉴该方法,亦选取坝顶上游约 5 倍水头处的堰上水深作为漫顶水深。

2.3.2.1 漫顶水流流速分布

试验通过采用PIV技术对整个漫顶水流的流场进行量测,图2.5为不同漫顶水深工况下坝面平均流速分布情况,其中横坐标为坝体水平位置,单位cm;纵坐标为坝面平均流速,单位m/s。由试验结果可知:① 坝顶水流流速沿程增大,且在坝顶下游边缘增长迅速;② 坝体下游坡面水流流速沿程增大,坡面上部流速增幅较大,中下部增幅较小,并逐渐趋于稳定;③ 同一坝面位置,坝面流速随漫顶水深的增大而增大。

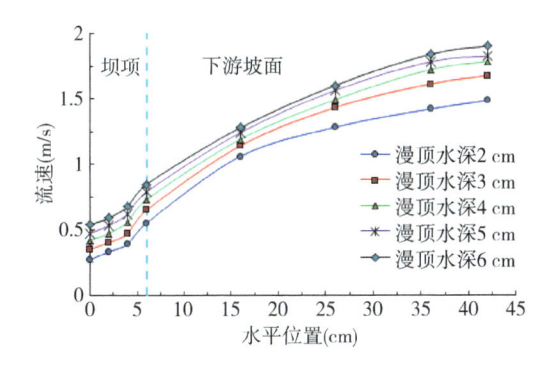

图2.5 坝面平均流速分布

2.3.2.2 漫顶水流水面线分布

试验对不同工况下漫顶水流水面线进行了细致记录与测量,如图2.6所示。由图中可以看出:① 坝顶漫顶水深迅速下降,存在较为明显的水流跌落现象;② 坝体下游坡面漫顶水深沿程减小,且在上部减小较快,中下部则变幅较小,逐渐趋于稳定;③ 不同漫顶水深工况下,水面线的变化趋势基本一致,且坝面水深随着漫顶水深的增大而增大。

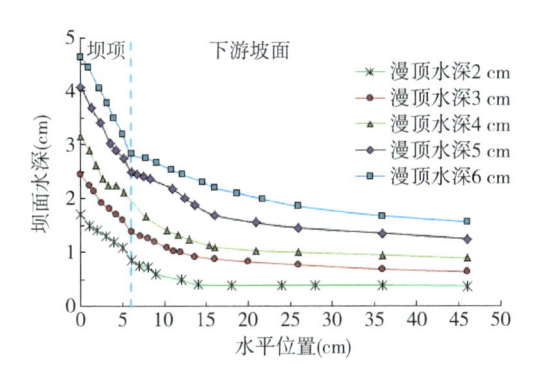

图2.6 坝面水深分布

2.3.2.3 表面冲刷水流流场结构

采用粒子图像测速(PIV)技术对表面冲刷水流的流场结构进行测量,作为一种全流场无接触瞬时测量的方法,PIV 技术可在不破坏水流结构的前提下对坝面水流流场进行精确的测量,其典型量测结果如图 2.7 所示。由图中可知:① 表面冲刷水流的流场结构较为均匀,只有在坝体体形转折处(坝顶下缘位置)出现流速的偏转,整体水流流速沿程增大;② 坝顶水流流速整体较小,在到达下游坡面后,水流流速急剧增加。

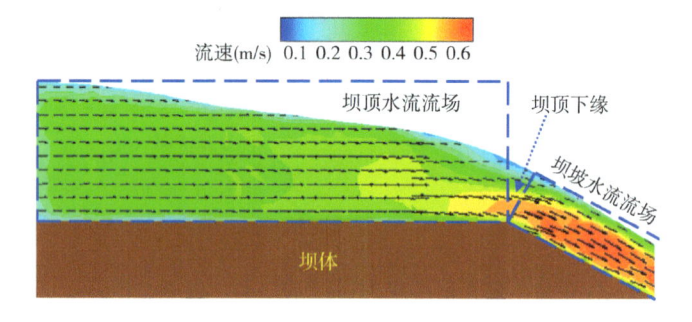

图 2.7 表面冲刷水流典型流场结构

2.4 陡坎冲射水流水力特性

陡坎水流结构在工程上比较常见,如越过拦河堰的水流、跌坎消能水流等;同时在天然河道中,由于河床的冲刷侵蚀等原因也会形成陡坎水流。许多专家学者曾对类似水流形态开展了大量的研究工作[132-134],然而在溃坝过程中出现的陡坎水流结构又具有不同于一般工程跌坎水流的独特水力特性:溃坝陡坎水流由坝体体型变化引起,主要受单次较大洪水过程影响,时间过程相对较短,单位时间通过水体较大,水流冲刷能力强,且陡坎下游可视为无尾水淹没工况。在真实坝体溃决过程中陡坎的形态具有随机性和多样性,基于南京水利科学研究院现场大比尺溃坝试验成果,本研究在对陡坎冲射水流问题进行处理的过程中,做了如下简化:① 假设溃坝过程中形成的陡坎均为垂直陡坎;② 陡坎垂直高度与水平面长度的比值与原始坝坡一致,为 1:2。

2.4.1 单陡坎冲射水流研究

黏性土坝遭遇超标准洪水等特殊工况发生洪水漫顶时,初始漫顶水流对坝顶及坝体下游坡面具有连续的冲刷作用。由于在坝顶下游边缘处存在体型突变，因此极易在下游坝坡中上部形成冲坑（陡坎），冲坑的存在改变了原有的水流形态，水流由表面冲刷逐渐发展为陡坎射流冲刷，图2.8为现场大比尺溃坝试验的溃决初始阶段，从中可以清晰地看到漫顶水流在坝体下游坡面的上部形成了陡坎冲射水流。以往的溃坝研究并未对坝体冲蚀过程中产生的陡坎冲射水流给予足够的重视。

图 2.8　陡坎冲射水流（现场大比尺溃坝试验）

2.4.1.1　单陡坎冲射水流结构

漫顶水流冲射至陡坎水平面后，水流势能转化为动能，在落点下游侧形成紊动强烈的坝面水流，水滴飞溅且掺气剧烈，在坝体体型变化处会形成"二次射流"，对下游坝坡产生较强的脉动冲刷；而在陡坎底部、冲射水舌上游并非充满水，而是形成具有一定高度的坎下回流区，此水域内存在众多结构复杂且不稳定的漩涡结构；同时在冲射水流与陡坎底部水域之间存在较为明显的射流剪切层，如图2.9所示。整个试验过程中共观察到两种典型的水流结构，各典型水流结构示意图及相应水流特性总结如表2.2所示。

图 2.9　坎下回流区复杂漩涡结构

表 2.2　试验观察到的典型水流结构及水流特性分析

编号	水流结构	典型水流特性
1	（示意图：坝体、紊动漩涡区、主漩涡区、水流落点、二次射流）	a. 回流区水深较小，水流紊动强烈，仅在水流落点上游侧存在主漩涡区域，由冲射水流冲击剪切回流区水域形成；b. 主漩涡上游至陡坎底部区域水流紊乱，难以形成稳定的水流结构，反向水流在底部直接顶冲陡坎垂直面，形成一系列较小的紊动涡旋结构，整体漩涡尺度较小；c. 水流落点下游侧，水舌撞击水平面形成强紊动水流，水滴飞溅、剧烈掺气，在与坝体下游坡的连接处形成"二次射流"，对坎后坝坡造成强烈冲击
2	（示意图：坝体、整体漩涡、水流落点、二次射流）	a. 冲射水流跌落后形成较大水深回流区，在水流落点上游侧形成整体漩涡，水流结构相对稳定，整体漩涡尺度相对较大；b. 水流落点下游侧依旧紊动强烈，与坝体下游坡的连接处形成"二次射流"，加大了对坎后坝坡的冲击

2.4.1.2　坎下回流区漩涡类型与几个特征参数的关系

坎下回流区漩涡结构类型不仅与水流参数有关，更与陡坎几何结构密切相关，图 2.10、图 2.11 和图 2.12 分别给出了漩涡类型（1 表示完整大漩涡，2 表示紊动小漩涡）与相对漫顶水深 H/Z（漫顶水深与陡坎高度的比值）、回流区相对水深 h_s/H（回流区水深与漫顶水深的比值）、回流区几何特征 h_s/L（回流区水深与冲射水平距离的比值）之间的关系。

从图 2.10 中可以看出，当回流区相对漫顶水深 H/Z 在 0.4 以下时，回流区水域将会形成紊动强烈的不规则小漩涡结构；H/Z 在 0.5 以上时则会形成较为完整的大漩涡;当相对漫顶水深在 0.4~0.5 之间时,处于过渡阶段,水流结构极其紊乱,存在较大的时空变化。

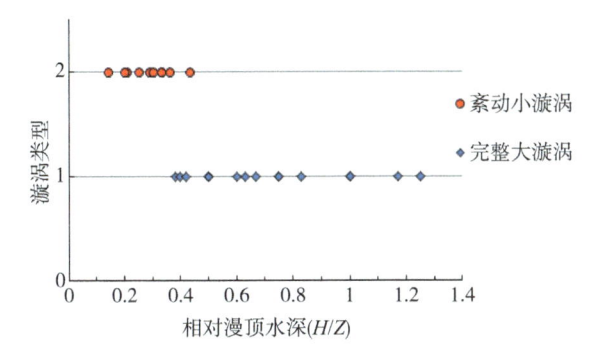

图 2.10　漩涡类型与 H/Z 的关系

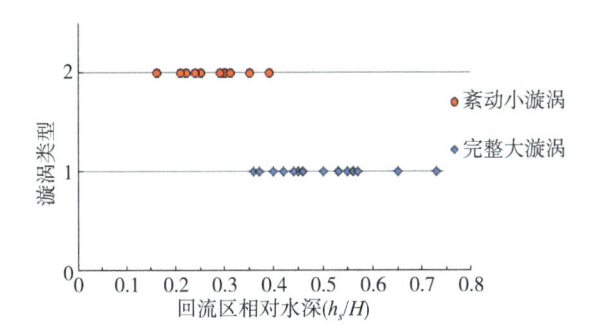

图 2.11　漩涡类型与 h_s/H 的关系

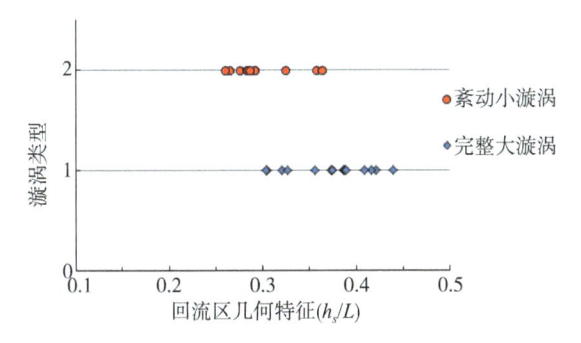

图 2.12　漩涡类型与 h_s/L 的关系

从图 2.11 中可以看出，当回流区相对水深 h_s/H 在 0.35 以下时，回流区将会形成紊动强烈的不规则小漩涡结构；h_s/H 在 0.4 以上时则大多会形成较为完整的大漩涡；而当 h_s/H 在 0.35～0.4 之间时，处于过渡阶段，水流结构极其紊乱，存在较大的时空变化。

由图 2.12 可知，对于两种漩涡水流结构，其回流区水深与冲射水平距离的比值存在较大的重合区域，这一结果表明：单纯通过回流区水域的几何特征 h_s/L 并不能对其漩涡类型进行有效划分。

2.4.1.3 陡坎冲射水流几何特性分析

对现场原型试验和室内物理模型试验的相关成果进行总结分析可知，在溃坝过程中形成的单陡坎冲射水流的典型几何结构如图 2.13 所示。示意图中：h_c 为漫顶水流的临界水深；h_e 为坝顶下游边缘水深；α 为冲射水流相对于陡坎水平面的入射角度；L 为落点距陡坎垂直面的水平距离；h_s 为坎下回流区水深；Z 为陡坎的垂直高度。

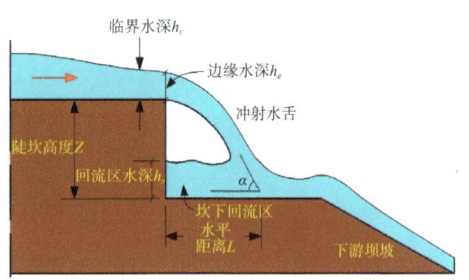

(a) 试验水流照片　　　　(b) 单陡坎示意图

图 2.13　单陡坎典型水流结构

(1) 坝顶下游边缘水深 h_e

国外专家学者[135]普遍认为陡坎的边缘水深与堰上的临界水深存在一定的比例关系，并进行大量的相关试验研究，Rouse 指出陡坎的边缘水深 h_e 受到边缘上游约 3～4 倍临界水深处水流结构的影响；Rand 和 Marchi[136]则通过采用物理模型试验和理论分析的方法分别提出了预测 h_e 的经验公式，如式(2.1)所示。

$$\begin{cases} h_e = 0.715 h_c & \text{Rand} \\ h_e = 0.705 h_c & \text{Marchi} \end{cases} \tag{2.1}$$

以上两个表达式适用于上游来流为缓流的工况,然而对于黏性土坝漫顶冲刷水流而言,以坝顶水流的临界水深 h_c 作为参考指标存在极大的获取难度和不确定性;而漫顶水深 H 则相对较易获取,本研究通过对模型试验成果进行整理分析,获取了上游漫顶水深与陡坎下缘水深之间的相关关系,如图 2.14 所示。

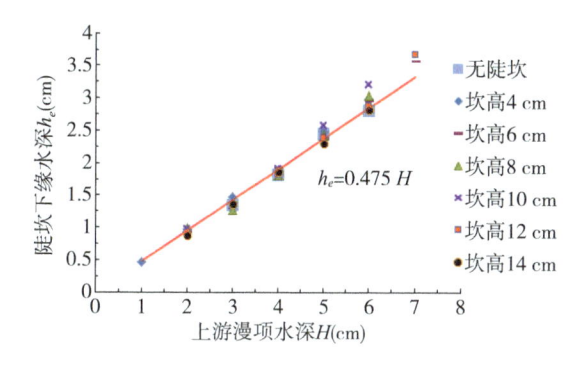

图 2.14 不同工况下 h_e 与 H 的相关关系

结果显示:对于各试验工况(坝前水库来流为缓流,坝顶体型形态类似于宽顶堰或折线形实用堰),陡坎边缘水深 h_e 与上游漫顶水深 H 之间均存在一定的比值关系——$h_e \approx 0.475H$。同时,试验结果显示陡坎下游水流对坝顶的水流结构影响较小,该比值与陡坎高度无关。应用该成果可较为方便地对陡坎体型下坝顶的水流分布进行估计,进而推算出相应的流速分布,具有较好的实用价值。

(2) 冲射水平距离 L

冲射落点距离陡坎底部的长度在水利工程中意义重大,如在跌坎式底流消能工中,冲射落点位置与消能工的布置、体型优化、底板设计等息息相关。而在土坝漫顶溃决发展过程中,冲射水流落点的不同将可能直接导致不同的溃决体型变化,进而对整个溃决发展过程起着决定性的作用。因此,有必要对陡坎冲射水流的落点位置进行研究探讨,进一步揭示土坝溃决演变过程,促进黏性土坝溃坝机理发展完善。

本研究采用漫顶水深 H 作为冲射距离研究的基本参数开展模型试验研究,图 2.15 点绘了相对漫顶水深与相对冲射水平距离之间的关系,其中相对漫顶水深为漫顶水深 H 与陡坎高度 Z 的比值;相对冲射水平距离则为冲射水平距离 L 与陡坎高度 Z 的比值。

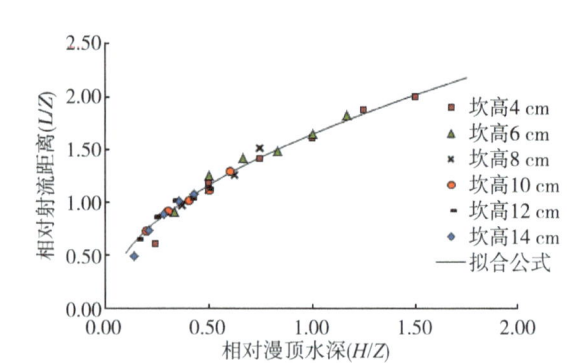

图 2.15 不同工况下 L/Z 随 H/Z 的变化趋势

由图 2.15 可知：① 相对射流距离随着相对漫顶水深的增大而不断增大；② 随着相对漫顶水深的增加，曲线斜率有逐渐减小的趋势，即相对射流距离增大幅度逐渐减小。

运用物理学基本公式和水力学堰流公式相结合的方法进行理论分析，本研究总结出了估算冲射水平距离 L 的经验公式，具体过程如下：

$$L = v \cdot t \tag{2.2}$$

$$v = \frac{q}{h_e} \tag{2.3}$$

$$Z + \frac{h_e}{2} = \frac{1}{2} \cdot g \cdot t^2 \tag{2.4}$$

$$Q = m_0 b \sqrt{2g} H^{3/2} \tag{2.5}$$

式中：L 为冲射水平距离；v 为陡坎边缘处水流流速；q 为坝顶过流的单宽流量；Z 为陡坎高度；h_e 为边缘水深；t 为坎上水流下落时间；m_0 为综合流量系数；b 为溃口宽度；H 为漫顶水深。

在土坝漫顶溃决过程中采用堰流公式对过坝流量进行估计。现场原型试验成果表明[131]，土坝溃决流量过程受溃口三维形态的影响甚大，综合流量系数 m_0 通常较宽顶堰流量系数要大很多。考虑此因素并结合试验实测流量，联立以上四式可得：

$$L = 1.65\sqrt{HZ} \tag{2.6}$$

或

$$\frac{L}{Z} = 1.65\sqrt{\frac{H}{Z}} \tag{2.7}$$

将式(2.7)绘制到图2.15中,可见公式与试验数据点之间拟合良好,说明通过理论分析得到的公式可正确反应L/Z随H/Z的变化趋势;同时该式也对曲线斜率随H/Z的增加而逐渐减小做了直接的解释。

然而需要指出的是:相同工况下冲射水流落点位置受上游来流情况影响甚大,在漫顶水深较大时,水流落点较为稳定,漫顶水深较小时,则会出现小范围摆动现象。同时,若初始漫顶水流过浅形成紧贴垂直壁面的贴壁流,此时形成冲射水流需克服较大的壁面吸附作用力,而对冲射水流形成发展机理仍需开展进一步的研究工作。

(3) 回流区水深h_s

试验发现,在陡坎底部、冲射水流落点的上游侧并非充满水,而是会形成具有一定高度的坎下回流区,如图2.13所示,该水域的高度即回流区水深h_s与陡坎底部的冲刷作用息息相关。因此,本试验对该区域开展了具有针对性的测量工作,试验成果显示回流区相对水深(h_s/Z)与上游来流的相对漫顶水深(H/Z)之间存在一定的关系,并随着相对漫顶水深的变化而变化。将各陡坎工况下h_s/Z与H/Z之间的关系点绘如图2.16所示,从中可以看出:在相对漫顶水深较小时($H/Z<0.5$),h_s/Z随着H/Z的增加线性增大;而相对漫顶水深较大时($H/Z>0.5$),h_s/Z尽管仍然随着H/Z的增大而增大,但是并非线性增大,且增加趋势逐渐变缓,直至冲射水舌上游几乎充满水。

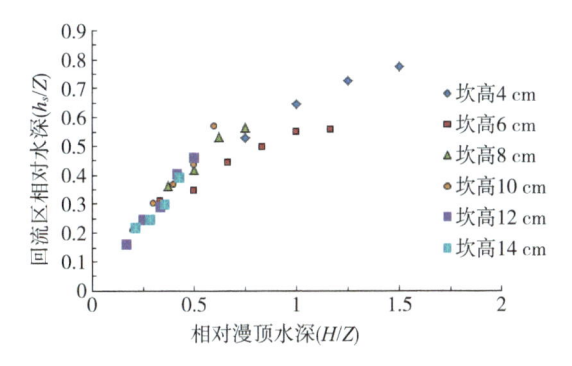

图2.16 回流区相对水深与相对漫顶水深的关系

2.4.1.4 陡坎冲射水流水力特性分析

采用 PIV(粒子图像测速)对陡坎冲射水流的流场结构及相应涡量场结构进行详细测量,鉴于冲射水流在各个区域内流速相差较大,有的甚至相差 1~2 个数量级,在应用 PIV 进行流场和涡量场的测量时采用了分区局部高精度测量的方法,各主要测量区域如图 2.17 所示,分别为:坝顶区域、第一级陡坎区域和第二级陡坎区域。由于在黏性土坝漫顶溃决形成冲射水流时,水流落点附近及其上游侧回流区水域内水体的水力特性对坝体冲蚀发展至关重要,因此本研究以陡坎回流区水力特性为重点开展相应的研究工作。

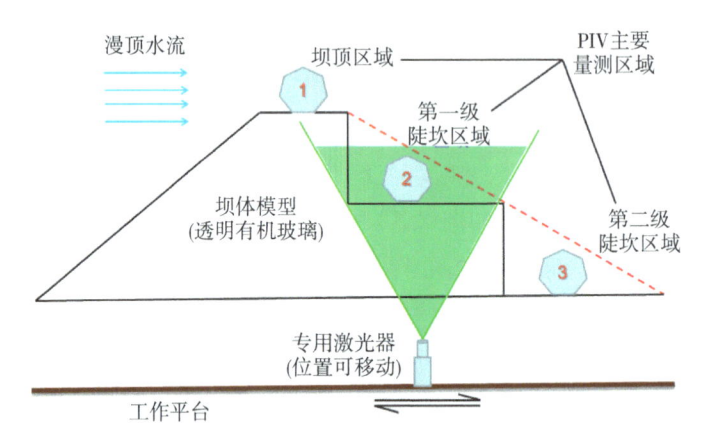

图 2.17　PIV 主要量测区域示意图

1) 典型流场结构

(1) 陡坎冲射水流局部流场

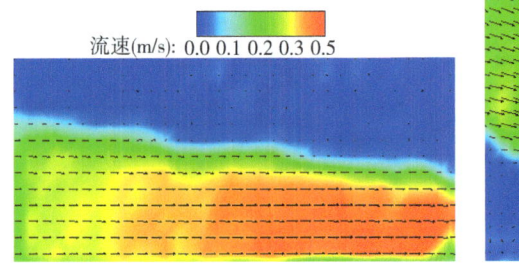

(a) 坝顶水流流场分布 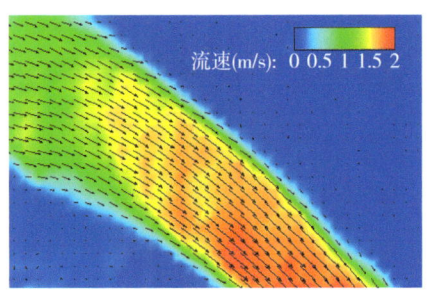　　　　(b) 冲射水舌流场分布

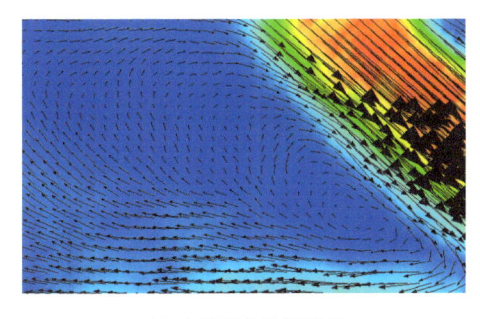

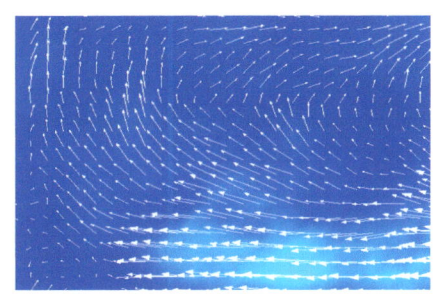

(c) 主流后方漩涡流态　　　　　　(d) 陡坎底部漩涡结构

图 2.18　陡坎冲射水流局部流场矢量图

图 2.18 为试验测得的陡坎冲射水流局部典型流场矢量图，从图中可知：① 坝顶和冲射水舌的水流结构比较单一稳定，流场分布比较均匀，流速沿程增大；② 在主流后方水域存在较为强烈的漩涡结构，时均流场结构显示，漩涡的核心紧靠冲射水流落点的上游侧；③ 在陡坎根部存在较弱的逆时针小漩涡区域，该区域的存在使得反向水流并非直接顶冲陡坎基部，而是冲击陡坎根部稍微靠上的部位形成顺时针大漩涡。

(2) 坎下回流区典型流场结构

图 2.19 和图 2.20 分别展示了坎下回流区内两种典型水流结构的时均流场分布，从中可以看出两者流动特性差异较大。第一种水流结构在冲射水流落点上游侧并没有形成完整大漩涡，只在冲射主流上游侧形成了尺度相对较小的主漩涡区域，反向水流紧贴陡坎水平面并对陡坎垂直壁面造成直接冲击，在回流区水域内存在各种尺度的表面紊动漩涡；第二种水流结构则在回流区域形成了完整大漩涡，漩涡中心紧靠水流落点，整个水流结构较为均匀。尽管如此，试验结果显示，两种水流结构均存在较强的时空脉动特性，且在陡坎根部均存在

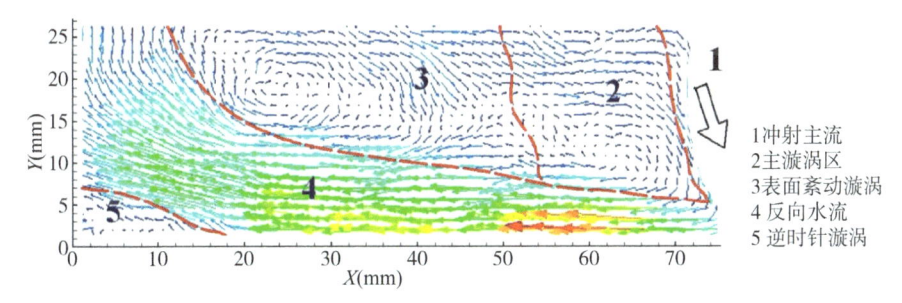

1 冲射主流　2 主漩涡区　3 表面紊动漩涡　4 反向水流　5 逆时针漩涡

图 2.19　第一种水流结构流场图

图 2.20 第二种水流结构流场图

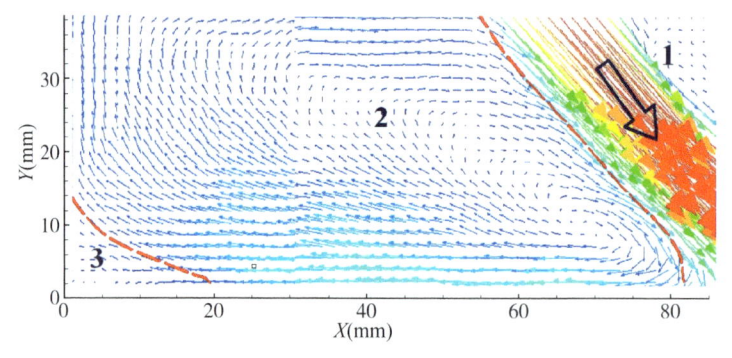

一个较弱的逆时针小漩涡区，使得反向水流并不直接冲击陡坎根部，而是稍微靠上的位置。

(3) 时均流速分布

试验成果显示，坎下回流区水流具有较强的时空脉动特性，整体流速分布十分复杂。采用时均流场可较为有效对该水域的整体水流特性进行描述，图2.21 和图2.22 分别为陡坎水平面底壁附近流速和垂直壁面附近流速的典型时均分布情况。

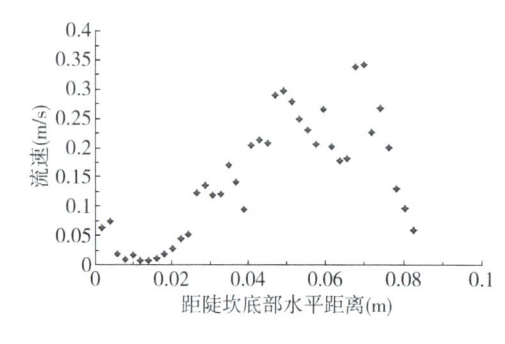

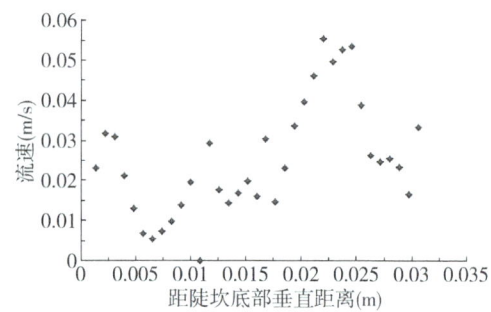

图 2.21 陡坎水平面底壁附近流速时均分布　　图 2.22 陡坎垂直壁面附近流速时均分布

由图中可知，在整体上，冲射落点上游侧反向水流存在一个流速峰值，之后逐渐减小。从陡坎垂直面附近水流流速分布可以看出，陡坎底部流速较小，且分布较为紊乱。将所有试验工况冲射水流落点上游侧流速与垂直壁面附近流速进行定量比较，结果如图2.23所示，可见两者大部分相差一个数量级，有的甚至达到几十倍。

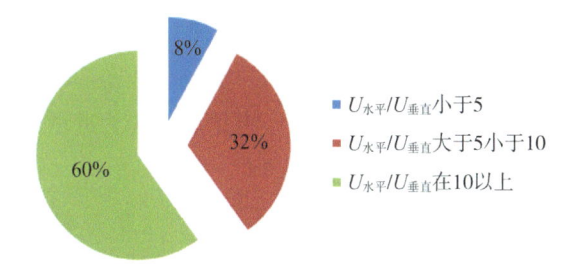

图 2.23　落点上游侧流速 $U_{水平}$ 与垂直壁面附近流速 $U_{垂直}$ 比较分析

应用此成果可从本质上对溃坝发展过程中的陡坎合并方式进行推断：坝体的陡坎合并主要由上级台阶水平面刷深所导致，而非下级台阶垂直面蚀退所致。垂直面上水流的冲刷作用则加速了陡坎的合并发展过程。

2）典型涡量场结构

由图 2.24 和图 2.25 可以看出，冲射水流形成的坎下回流区内涡量场十分紊乱，各水流工况下均存在着不同强度和大小的漩涡结构。然而尽管两种典型漩涡结构的涡量场不尽相同，其仍存在很多相似之处：a. 在冲射水流落点上游侧形成顺时针主漩涡区，涡量强度较大；b. 回流区水域中涡量场十分复杂，存在各种不同尺寸的顺时针漩涡结构和逆时针漩涡结构，无法进行统一定量分析；c. 陡坎底部存在强度较小的逆时针漩涡区域。

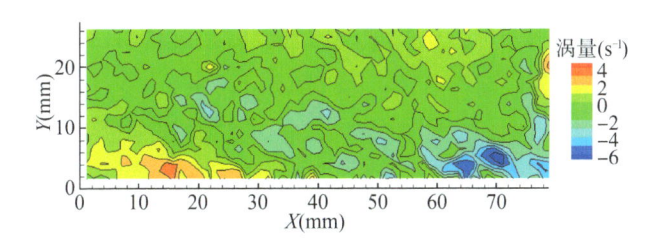

图 2.24　第一种水流结构涡量场分布

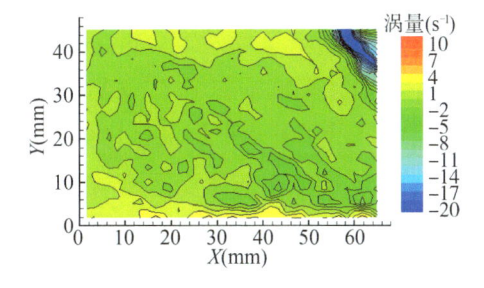

图 2.25　第二种水流结构涡量场分布

3) 坎下回流区紊动特性分析

陡坎近壁区的水流紊动特性与坝体冲蚀发展过程密切相关，是坝体土料发生猝发性起动、冲蚀现象的主要诱因之一，因此了解陡坎近壁区域的紊动特性，进而分析其对坝体的冲刷作用机制意义重大。

在描述水流运动时，时均流速 $\bar{u}$ 反映了流场的平均运动状态，脉动流速 u' 则为瞬时流速与时均流速的差值，即 $u'=u-\bar{u}$，是反映水流紊动的重要特性参数之一。为了综合表征水流脉动的强弱程度，采用流场内任意一点脉动流速的均方根来表示瞬时流速在时均流速左右脉动幅度的大小，定义为紊动强度 σ_i，即：

$$\sigma_i = \sqrt{\overline{u'_i}^2} \tag{2.8}$$

其中，u'_i 为水流各方向的脉动流速。

同时采用 x,y 方向合成的紊动强度 σ_{xy} 分布来反映水流的整体脉动结构，如式(2.9)和式(2.10)所示：

$$\sigma_{xy} = \sqrt{\sigma_x^2 + \sigma_y^2} \tag{2.9}$$

$$\sigma_{xy} = \sqrt{\overline{u'_x}^2 + \overline{u'_y}^2} \tag{2.10}$$

紊动强度与相应时均流速的比值即为紊流的相对紊动强度 N_i：

$$N_i = \frac{\sqrt{\overline{u'_i}^2}}{\bar{u}_i} \tag{2.11}$$

本研究以 E1-14-2 和 E1-6-3 两组试验工况为例来对坎下回流区水流的紊动特性进行详细阐述，该两组水流分别代表了前文所述的两种典型水流结构。

(1) E1-14-2 工况陡坎近壁区紊动特性分析

在该试验工况下坎下回流区形成了如图 2.19 所示的表面漩涡水流结构，整体紊动较为强烈，图 2.26 展示了其坎下回流区内整体紊动强度 σ_{xy} 的分布情况，从中可以看出：① 紊动强度分布与回流区流场结构在形式上较为一致，在反向顶冲水流区域紊动强度较大，且存在沿程逐渐减小的趋势，最大紊动强度出现在落点上游侧水平底壁附近；② 在紊动漩涡区域水流的整体紊动强度相对较小；③ 从整体来看，坎下回流区紊动强度分布较为散乱，不同水流区域的紊动强度存在较大差别。

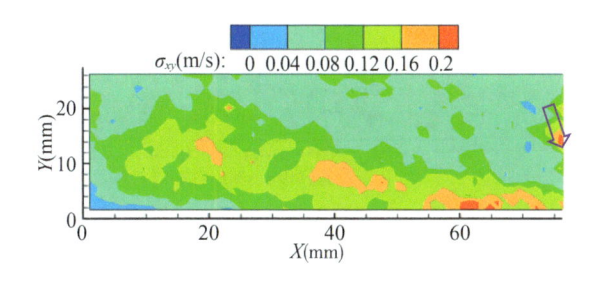

图 2.26　坎下回流区整体紊动强度分布

图 2.27 展示了陡坎水平底壁附近紊动强度分布（距底壁约 5 mm 处），其中 σ_x 和 σ_y 分别为水平方向与垂直方向的紊动强度。从中可以看出：① 在陡坎冲射水流形成的坎下回流区内，水流的水平向紊动强度相比垂向紊动强度要大很多，而在陡坎根部紊动强度均较小；② 射流冲击驻点附近的复杂水流结构导致在冲射主流落点上游侧出现水平向紊动强度突然增大的现象，形成紊动强度峰值，表明在落点上游侧存在较强的水平紊动剪切层；③ 在冲射主流区域水流的水平向紊动强度和垂向紊动强度均迅速增大。

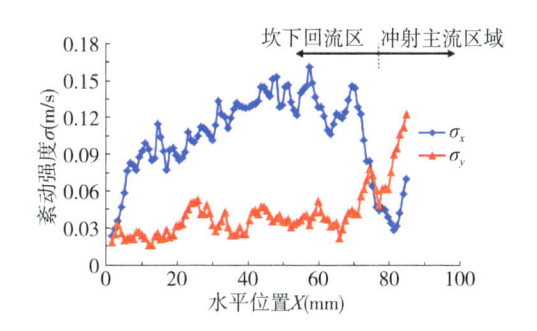

图 2.27　E1-14-2 工况陡坎水平底壁附近紊动强度分布

图 2.28 展示了 E1-14-2 工况陡坎垂直壁面附近的紊动强度分布，由图可知：① 由于受到反向水流的直接顶冲作用，陡坎垂直壁面中下部水平紊动强度较强，而此时的垂向紊动强度相对较小；② 水流垂向紊动强度自陡坎底部沿垂直方向有逐渐增大的趋势，这表明回流区中上部水流结构对陡坎垂直壁面具有较强的紊动剪切作用。

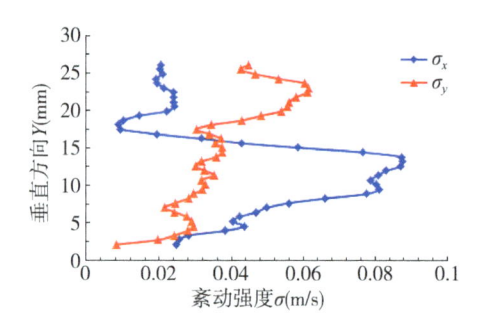

图 2.28　E1-14-2 工况陡坎垂直壁面附近紊动强度分布

图 2.29 展示了 E1-14-2 工况坎下回流区水流相对紊动强度分布,从中可以看出:① 尽管在陡坎水平底壁附近 σ_x 较大,然而其相对紊动强度 N_x 却整体较小,只在水流落点附近存在一个相对紊动强度峰值,表明此处存在一个较大的水平紊动剪切层;② 陡坎水平底壁附近垂向相对紊动强度整体较小,但存在较多峰值,表明坎下回流区反向水流具有较为复杂的垂向紊动特性;③ 陡坎垂直壁面底部存在不稳定的逆时针小漩涡水流结构,在反向水流的顶冲作用下存在较强的紊动特性;该反向水流同时也造成了水域中上部出现较大水平向相对紊动强度。

(a) 陡坎水平底壁附近相对紊动强度　　(b) 陡坎垂直壁面附近相对紊动强度

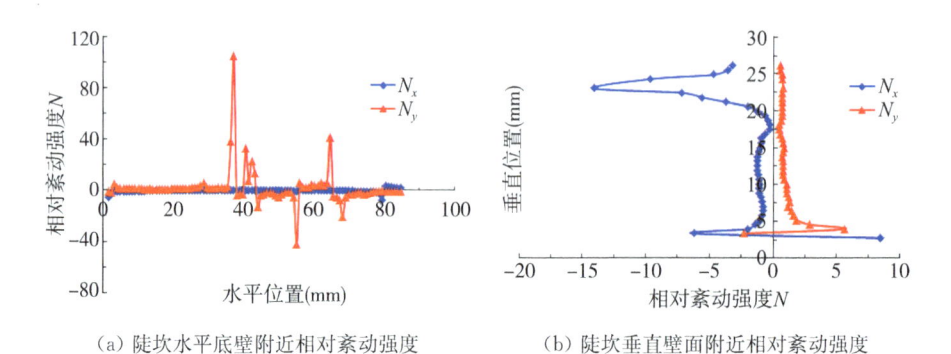

图 2.29　E1-14-2 工况回流区水流相对紊动强度分布

(2) E1-6-3 工况陡坎近壁区紊动特性分析

在该试验工况下坎下回流区形成了如图 2.20 所示的整体漩涡水流结构,其紊动强度分布情况如图 2.30 所示,从中可以看出:① 自冲射主流区域到陡坎垂直壁面,水流的紊动强度整体上逐渐减小,回流区紊动强度最大值出现在冲射水流落点上游侧;② 漩涡水流区域的整体紊动强度相对较大,而陡坎底部的逆时针小漩涡区的紊动强度则相对较小；③ 从整体来看，坎下回流区紊动强度分布较为散乱，不同水流区域的紊动强度存在较大差别。

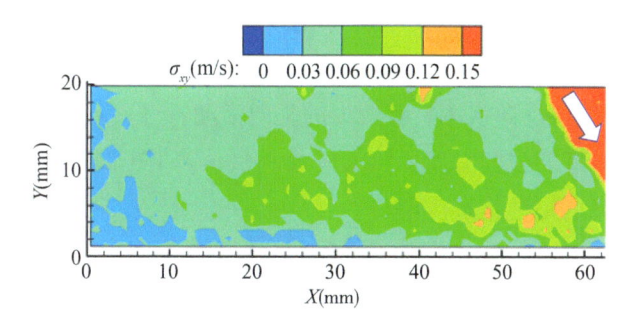

图 2.30　E1－6－3 工况坎下回流区整体紊动强度分布

图 2.31 为 E1－6－3 试验工况测得的陡坎水平底壁附近附近的紊动强度分布，由图中可知：① 与 E1－14－2 工况相类似，坎下回流区内水流的垂向紊动强度相比水平向紊动强度要小，且越靠近陡坎根部，其紊动强度均越小；② 射流冲击驻点附近的复杂水流结构导致在冲射主流落点上游侧水平向紊动强度突然增大，形成紊动强度峰值，表明在落点上游侧存在较强的水平紊动剪切层；③ 在冲射主流区域水流的水平向紊动强度和垂向紊动强度均迅速增大。

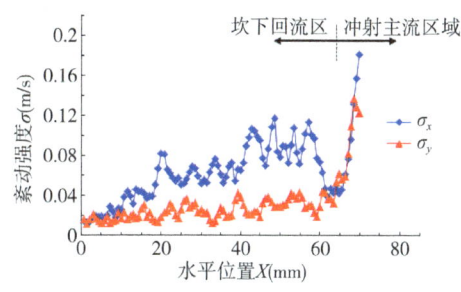

图 2.31　E1－6－3 工况陡坎水平底壁附近紊动强度分布

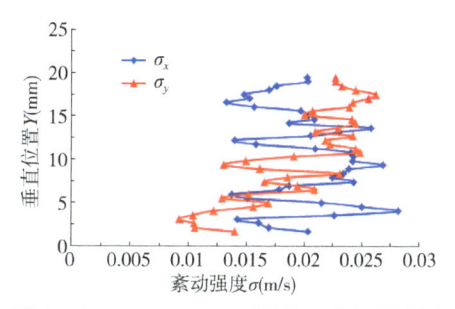

图 2.32　E1－6－3 工况陡坎垂直壁面附近紊动强度分布

图 2.32 为 E1－6－3 工况陡坎垂直壁面附近的紊动强度分布，从中可以看出：① 与水平底壁附近水流紊动强度相比，陡坎垂直壁面附近的水平向紊动强度整体较小，两者相差数倍，而垂向紊动强度在数值上整体较为接近；② 垂直壁面附近水流水平方向紊动强度与垂向紊动强度相差不大，然而沿垂直方向均存在较大的波动特性；③ 水流垂向紊动强度自陡坎底部沿垂直方向有逐渐增

大的趋势,表明回流区水域中上部具有较强的垂向紊动特性。

图 2.33 为 E1-6-3 工况坎下回流区水流相对紊动强度分布,从中可以看出:① 回流区水平向相对紊动强度 N_x 整体较小,然而在陡坎根部区域存在极大紊动,紊动强度甚至可达时均流速的几十倍;② 陡坎水平底壁附近 N_y 较大,表明坎下回流区反向水流具有较大的垂向紊动特性;③ 在垂直壁面中下部和上部水流相对紊动强度出现了较大的波动极值,如图 2.33(b)所示,表明垂直壁面附近水流结构极其不稳定。

(a) 陡坎水平底壁附近相对紊动强度　　(b) 陡坎垂直壁面附近相对紊动强度

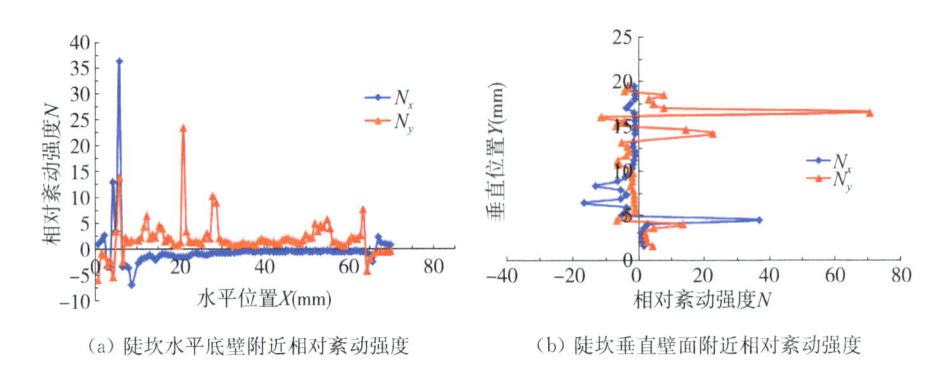

图 2.33　E1-6-3 工况坎下回流区水流相对紊动强度分布

综合以上分析可知,与常见的河渠紊动水流不同,冲射水流形成的坎下回流区为极其复杂的强脉动水域,对于不同的回流区水流结构,其紊动特性存在较大差异,同时在回流区的不同水流区域,其紊动强度亦差别较大;尽管如此,坎下回流区的紊动强度分布仍存在一些共同之处:① 紊动强度最大值均分布在冲射主流区域上游侧,尤其是靠近水流落点的位置,表明在水流落点上游侧均会出现较大的紊动剪切层;② 在陡坎根部逆时针小漩涡区,水流紊动强度均相对较小;③ 陡坎水平底壁附近紊动强度整体上比垂直壁面附近紊动强度要大;④ 在坎下回流区,特别是陡坎近壁区域,相对紊动强度存在较大的波动,有时甚至可达时均流速的数十倍,表明该水域水流结构极其紊乱,此脉动现象将加强水流的冲刷能力,从而极大地加速坝体冲蚀发展进程。

2.4.2　双陡坎冲射水流研究

在黏性土坝漫顶溃决发展过程中,初始小冲坑通常会逐渐发展成为多级陡坎,进而在水流冲刷作用下合并为大陡坎,且不断向坝体上游溯源发展。真实溃坝过程中出现的陡坎体型形态具有较大的随机性，本研究在对多级陡坎水流水力特性进行研究的过程中，进行了如下简化：① 仅对多级陡坎中最简单的工况——双陡坎冲射水流开展研究工作；② 假定模型上下两级陡坎高度相同；③ 陡坎垂直高度与水平面长度的比值与原始坝坡一致，为1∶2。

2.4.2.1 双陡坎冲射水流结构

黏性土坝漫顶溃决发展过程中可能会形成双陡坎（多陡坎）水流结构，其与单一陡坎模型的最大区别在于水流跌落至水平面之后仍将面临较大的结构体型变化，形成水流的二次射流冲刷。其水流结构在第一级陡坎上与单陡坎模型基本相同；而在二级陡坎处，由于第一级陡坎跌落水流具有较大的总体能量，因此形成的二次冲射水流脉动强烈，落点位置较一级陡坎水流更远，且水流冲击飞溅现象更加剧烈。在落点上游侧，二级陡坎回流区水深与第一级陡坎回流区水深相比要小很多。试验过程中观察到的双陡坎冲射水流典型结构如图2.34所示。

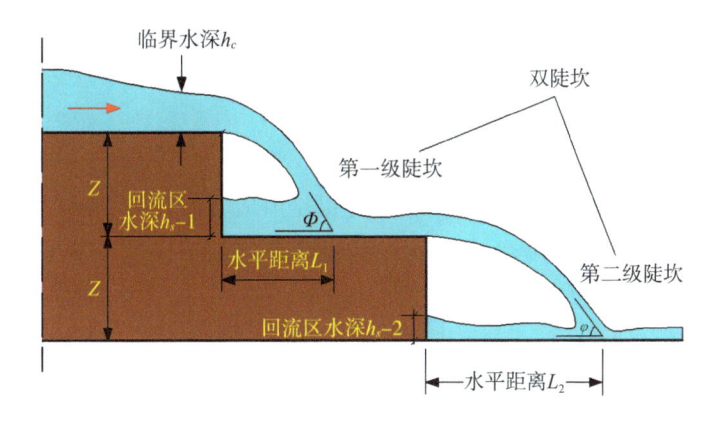

图2.34 双陡坎典型水流结构示意图

2.4.2.2 双陡坎冲射水流水力特性分析

1）典型流场结构

（1）二级陡坎回流区整体流场结构

与单一陡坎模型相比，双陡坎冲射水流的整体水流结构更加紊乱，在第二级陡坎上，冲射水流具有更大的能量，撞击水平面形成的反向回流具有较大的垂向速度，使得坎下回流区紊动强烈，尤其陡坎底部常会形成较为明显的逆时针漩涡，在多数试验工况中均观察到类似"S形挂钩"的水流特征，如图2.35所示。

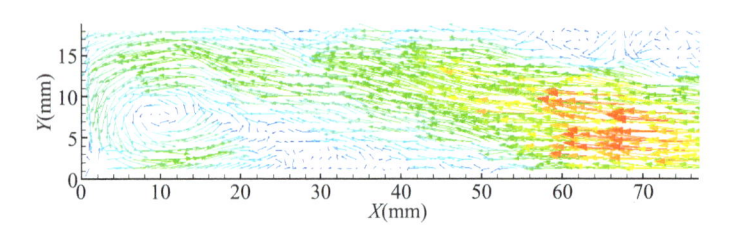

图 2.35　二级陡坎回流区典型流场结构

(2) 回流区局部流场结构

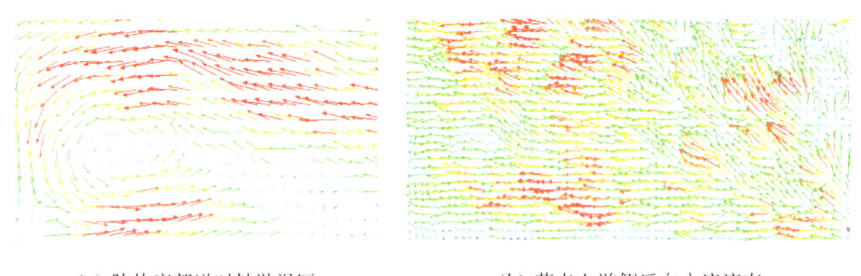

(a) 陡坎底部逆时针漩涡区　　(b) 落点上游侧反向水流流态

图 2.36　回流区流场局部矢量图

二级陡坎冲射水流具有较大的能量,撞击水平面后形成的反向水流具有较大的垂向流速分量,如图 2.36(b)所示,这也是形成类似"S 形挂钩"水流结构的主要原因;反向水流撞击陡坎垂直边壁后在陡坎底部形成逆时针漩涡,并在漩涡底部同样形成相对较大的流速区。

2) 典型涡量场结构

二级陡坎回流区水域内水流结构相当复杂,存在着众多各种尺度的顺时针漩涡及逆时针漩涡结构。如图 2.37 所示,在反向水流核心区域漩涡强度相对较小,其上侧和下侧分别分布着顺时针漩涡区和逆时针漩涡区,整个涡量场结构清晰地展示了双陡坎下类似"S 形挂钩"的水流结构。

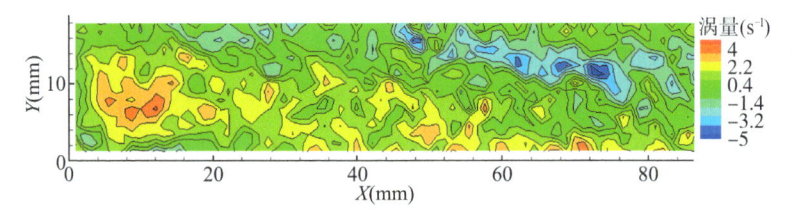

图 2.37　二级陡坎典型涡量场结构

3）二级陡坎回流区紊动特性分析

二级陡坎冲射水流具有较高的动能，形成的回流区内水流结构更为复杂，其紊动强度典型分布情况如图 2.38 所示，从图 2.38 可以看出：① 回流区内紊动强度分布与其流场结构较为相似，反向水流区域为紊动强度较大的区域，整体上同样呈现 S 形结构分布；② 越靠近陡坎底部紊动强度整体越小，在陡坎垂直壁面附近紊动强度相对较小。

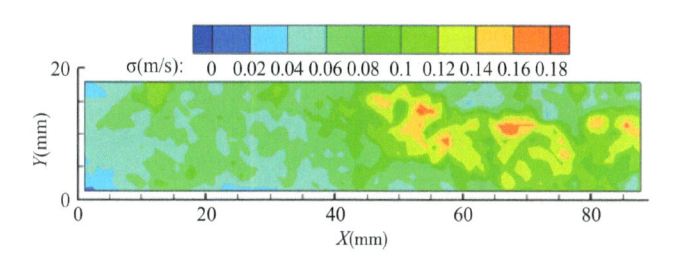

图 2.38　二级陡坎回流区整体紊动强度分布

图 2.39 为二级陡坎水平底壁附近典型紊动强度分布情况，从中可以看出：在水平底壁附近，水流的水平向紊动强度大于其垂向紊动强度；且越靠近冲射水流落点，其水平向紊动强度越大；陡坎水平底壁附近的垂向紊动强度整体变化不大。

图 2.40 为二级陡坎垂直壁面附近紊动强度分布情况，从中可以看出：① 在垂直壁面附近水流的水平向紊动强度与水平底壁附近相比要小很多；② 回流区陡坎垂直壁面中上部紊动强度相对较大，而陡坎根部区域紊动强度则相对较小。

图 2.39　二级陡坎水平底壁附近紊动强度分布

图 2.40　二级陡坎垂直壁面附近紊动强度分布

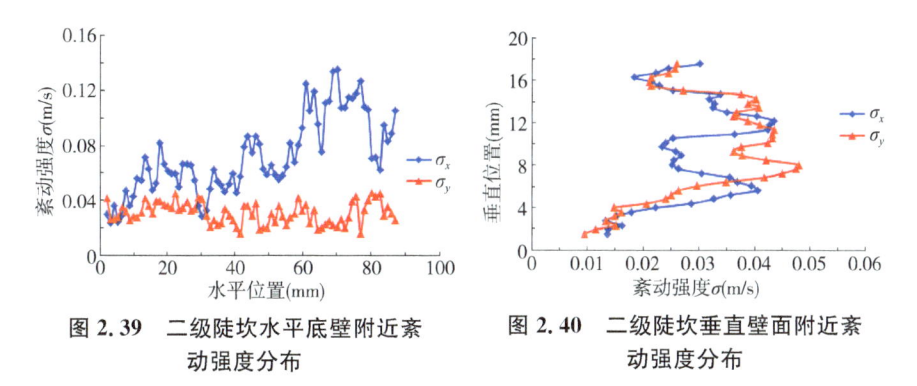

图 2.41 为二级陡坎回流区内水流的相对紊动强度分布情况，由图 2.41 可知：① 回流区相对紊动强度依然存在较大的波动特性，瞬时紊动强度甚至可达时均流速的几十倍，表明该水域水流结构极其紊乱；② 相对而言，在陡坎水平

底壁附近，水流的垂向相对紊动强度 N_y 比水平向紊动强度 N_x 要大，表明回流区反向水流具有较大的垂向紊动特性；③ 垂直壁面中下部水平向相对紊动强度 N_x 存在波动极值，表明垂直壁面附近水流结构同样十分不稳定。

(a) 陡坎水平底壁附近相对紊动强度　　(b) 陡坎垂直壁面附近相对紊动强度

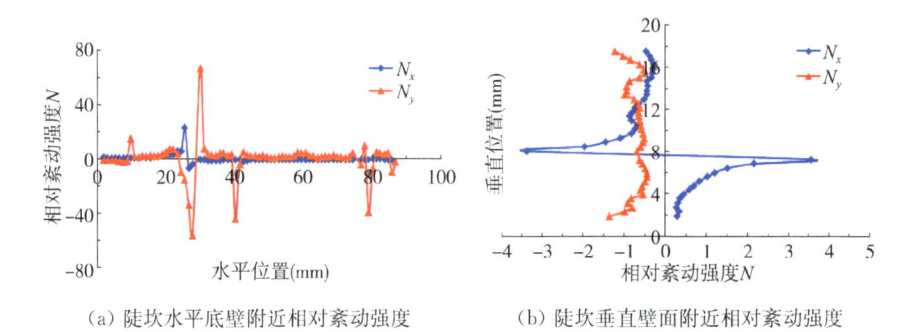

图 2.41　二级陡坎回流区水流相对紊动强度分布

2.4.2.3　二级陡坎关键特征参数对比分析

（1）二级陡坎水流冲射水平距离比较

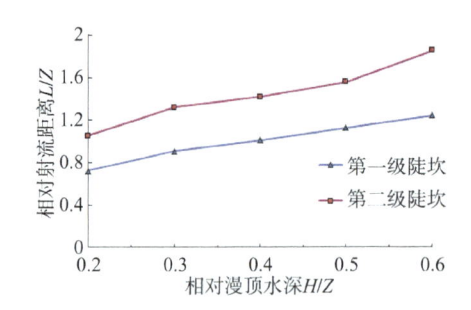

图 2.42　二级陡坎射流距离的比较

（2）二级陡坎回流区水深比较

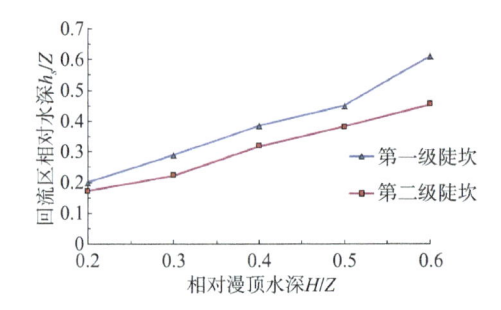

图 2.43　二级陡坎回流区水深的比较

由图 2.42 和图 2.43 分析可知，水流自坝顶跌落至第二级陡坎时，存在势能向动能的转化，使得二级陡坎冲射水流具有较大的能量，因此其水平冲射距离相对第一级陡坎要大很多，与此同时，入射角度的减小以及落点附近的强脉动特性致使其反向分流量较小，回流区水深较第一级陡坎要小。

（3）陡坎垂直边壁附近流速比较

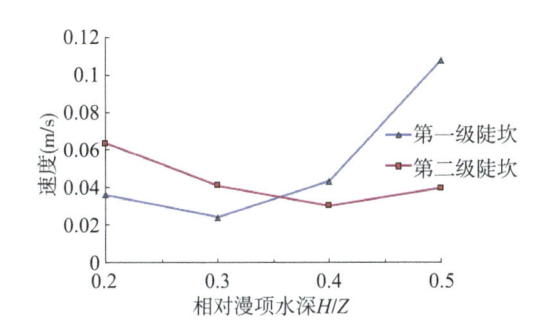

图 2.44　二级陡坎垂直边壁附近水流流速比较

陡坎垂直壁面附近水流流速大小直接影响着坝体的蚀退发展进程，由图 2.44 可以看出，第二级陡坎垂直边壁附近流速并不一定比第一级陡坎大，流速分布规律性不明显，总体来看，其整体流速均较小。

对以上试验成果进行综合分析可以得出如下结论：二级陡坎冲射水流具有较大的水流能量，其冲射水平距离较第一级陡坎要远很多，然而由于水流向上游侧的分流相对减少，二级陡坎冲射水流形成的回流区内水流流速并不一定会增大，进一步推断可知二级陡坎回流区水流的冲刷能力并不一定比第一级陡坎强，甚至有时会更小。

2.5　本章小结

本章重点对黏性土坝漫顶溃决各宏观溃决阶段的典型水力特性开展试验研究工作，介绍了相关试验过程和试验成果，主要如下。

（1）总结分析了现阶段国内外溃坝研究成果，在考虑水流特性差异的基础上将土坝漫顶溃决划分为 5 个宏观特征阶段：a. 坝体原始状态；b. 初始漫顶阶段；c. 溯源蚀退阶段；d. 坝体急剧溃决阶段；e. 最终溃口形成；并指出在初始漫顶阶段水流以表面冲刷为基本特征；而陡坎射流冲刷是坝体纵向溯源侵蚀过程中的主要水土耦合作用形式。

（2）利用循环水槽开展定床物理模型试验，借助 PIV 等先进量测设备对土坝漫顶表面冲刷水流的水力特性开展研究，结果表明：① 初始漫顶阶段的表面冲刷水流在整体上可分为 3 个特征部分，即坝前缓流区、坝顶临界流区以及坝体下游坡急流区；② 表面冲刷水流的水流结构相对均匀，坝面水深沿程下降，且在坝顶和坝体下游坡中上部变幅较大。

（3）分别针对单陡坎冲射水流和双陡坎冲射水流开展了系统的试验研究，获取了各陡坎形式下回流区典型水流结构，对速度场和涡量场进行了总结分析，并探讨了其紊动特性，结果表明：① 陡坎冲射水流在落点上游侧并非充满水，而是将形成一定深度的坎下回流区，该水域存在表面紊动漩涡和整体大漩涡两种水流结构；② 冲射水流在落点处形成两股方向截然相反的水流，且在陡坎根部流速很小；③ 坎下回流区水流结构极其紊乱，脉动特性较强，且受漫顶水深和陡坎高度影响极大；④ 双陡坎冲射水流在第一级陡坎上水流特性同单陡坎基本一致，第二级陡坎水流冲射距离更远，回流区水深则更小。

（4）定量分析成果显示，陡坎水平面上流速分布比陡坎垂直面上要大很多，大多相差一个数量级，且在陡坎水平壁面附近水流的紊动强度普遍较垂直壁面处要大；二级陡坎回流区水流流速，尤其垂直壁面附近流速分布并不比第一级陡坎大，有时甚至会更小，由此可推断：① 溃坝过程中陡坎水平面的冲蚀速度会远大于相应的垂直壁面，其冲蚀合并过程以陡坎水平面刷深为主；② 随着冲射水平距离的加大以及回流区水深的减小，水流在二级陡坎回流水域内的冲刷能力可能会比第一级陡坎要小。

第 3 章

漫顶溃决水流水力特性数值模拟研究

　　数值模拟作为原型观测和物理模型试验的有效补充,是研究流体运动问题的重要手段,它基于流体运动基本方程,采用数值分析的方法对流场中若干离散点的物理量进行模拟,具有灵活性强、实用性好以及应用面广等优点[137]。土石坝漫顶溃决各阶段水流特性差异显著,初始漫顶时,水流沿坡面下泄,为平面冲刷形式,而后坝体在水流的冲蚀作用下形成小冲坑,并且逐渐发展,冲刷坑内水流流速、剪切应力等水力指标的重分布加速了坝体的陡坎蚀退进程,直至形成最终溃口。数学模型的建立必须基于真实溃坝过程,科学地选取计算模型和数值算法,并利用已知结果对模型的精度进行校核。

3.1 紊流数学模型及研究方案

3.1.1 数学模型的建立

3.1.1.1 流体力学控制方程组

　　计算流体动力学无论具体采用何种形式,都建立在流体力学基本控制方程——连续性方程、动量守恒方程和能量守恒方程的基础之上,必须遵循以下三个基本物理学原理:质量守恒、牛顿第二定律以及能量守恒。不可压缩流体的三大控制方程的基本形式如下所示。

(1) 连续性方程

$$\frac{\partial \rho}{\partial t}+\frac{\partial(\rho u)}{\partial x}+\frac{\partial(\rho v)}{\partial y}+\frac{\partial(\rho w)}{\partial z}=0 \tag{3.1}$$

(2) 动量守恒方程

$$\begin{cases} \rho\dfrac{\mathrm{d}u}{\mathrm{d}t}=-\dfrac{\partial p}{\partial x}+\dfrac{\partial \tau_{xx}}{\partial x}+\dfrac{\partial \tau_{yx}}{\partial y}+\dfrac{\partial \tau_{zx}}{\partial z}+\rho f_x \\ \rho\dfrac{\mathrm{d}v}{\mathrm{d}t}=-\dfrac{\partial p}{\partial y}+\dfrac{\partial \tau_{xy}}{\partial x}+\dfrac{\partial \tau_{yy}}{\partial y}+\dfrac{\partial \tau_{zy}}{\partial z}+\rho f_y \\ \rho\dfrac{\mathrm{d}w}{\mathrm{d}t}=-\dfrac{\partial p}{\partial z}+\dfrac{\partial \tau_{xz}}{\partial x}+\dfrac{\partial \tau_{yz}}{\partial y}+\dfrac{\partial \tau_{zz}}{\partial z}+\rho f_z \end{cases} \tag{3.2}$$

(3) 能量守恒方程

$$\rho \frac{\mathrm{d}}{\mathrm{d}t}\left(e+\frac{V^2}{2}\right)=\rho \dot{q}+\frac{\partial}{\partial x}\left(k\frac{\partial T}{\partial x}\right)+\frac{\partial}{\partial y}\left(k\frac{\partial T}{\partial y}\right)+\frac{\partial}{\partial z}\left(k\frac{\partial T}{\partial z}\right)-\frac{\partial(up)}{\partial x}-$$
$$\frac{\partial(vp)}{\partial y}-\frac{\partial(wp)}{\partial z}+\frac{\partial(u\tau_{xx})}{\partial x}+\frac{\partial(u\tau_{yx})}{\partial y}+\frac{\partial(u\tau_{zx})}{\partial z}+$$
$$\frac{\partial(v\tau_{xy})}{\partial x}+\frac{\partial(v\tau_{yy})}{\partial y}+\frac{\partial(u\tau_{zy})}{\partial z}+\frac{\partial(w\tau_{xz})}{\partial x}+\frac{\partial(w\tau_{yz})}{\partial y}+$$
$$\frac{\partial(w\tau_{zz})}{\partial z}+\rho fV \tag{3.3}$$

式中:ρ 为流体密度;t 为时间;u、v、w 为速度矢量在 x、y、z 方向上的分量;p 为流体压力;f_x,f_y,f_z 分别表示流体在 x,y,z 方向上受到的外力;e 为分子随机运动产生的(单位质量)内能;V 为速度;$\dot{q}$ 为单位质量的体积加热率;T 为温度;f 为作用力。

在黏性土坝漫顶溃决的整个发生发展过程中,机械能与内能的相互转化问题可以忽略不计,因此在相关水力学问题研究中,主要满足连续性方程和动量守恒方程即可。本研究采用 FAVOR 技术进行建模,在连续性方程和动量守恒方程中加入含有面积和体积分数的参数,表示如下。

连续性方程:

$$\frac{\partial(uA_x)}{\partial x}+\frac{\partial(vA_y)}{\partial y}+\frac{\partial(wA_z)}{\partial z}=0 \tag{3.4}$$

动量守恒方程：

$$\begin{cases} \dfrac{\partial u}{\partial t} + \dfrac{1}{V_F}\left(uA_x\dfrac{\partial u}{\partial x} + vA_y\dfrac{\partial u}{\partial y} + wA_z\dfrac{\partial u}{\partial z}\right) = -\dfrac{1}{\rho}\dfrac{\partial p}{\partial x} + G_x + f_x \\ \dfrac{\partial v}{\partial t} + \dfrac{1}{V_F}\left(uA_x\dfrac{\partial v}{\partial x} + vA_y\dfrac{\partial v}{\partial y} + wA_z\dfrac{\partial v}{\partial z}\right) = -\dfrac{1}{\rho}\dfrac{\partial p}{\partial y} + G_y + f_y \\ \dfrac{\partial w}{\partial t} + \dfrac{1}{V_F}\left(uA_x\dfrac{\partial w}{\partial x} + vA_y\dfrac{\partial w}{\partial y} + wA_z\dfrac{\partial w}{\partial z}\right) = -\dfrac{1}{\rho}\dfrac{\partial p}{\partial z} + G_z + f_z \end{cases} \quad (3.5)$$

式中：A_x、A_y、A_z 表示 x,y,z 三个方向可以流动的面积分数；V_F 为可流动的体积分数；G 为重力项；f 为黏滞力项。

3.1.1.2　湍流模型——RNGk-ε 模型

湍流问题迄今仍是经典物理学尚未完全解决的难题之一，湍流的脉动是随机的，O. Reynolds 将流体中的各物理分量分为平均和脉动两部分，提出了非定常流的分解方法，代入 Navier-Stokes 方程中得到了雷诺时均 N-S 方程(RANS)。基于该方程，专家学者们发展了湍流的模式理论和统计方法，为解决实际工程问题提供了有效的技术支持。湍流的数值模拟方法可分为直接数值模拟(DNS)和非直接数值模拟两种。直接数值模拟方法即直接采用瞬时 N-S 方程对湍流进行计算，不进行相应的简化处理，该方法对计算机的内存和计算速度要求极高，目前计算机水平尚不足以分辨复杂湍流中的所有尺度湍流漩涡，因此无法应用于实际工程水流的数值模拟；非直接数值模拟方法则设法对湍流进行近似简化处理，目前该类方法主要有大涡模拟(LES)和雷诺时均 N-S 方程(RANS)两种。大涡模拟的计算消耗虽小于 DNS，但是对于大多数实际应用依然占用过大的计算资源，因此目前在工程流动计算中仍普遍采用 RANS。

基于 RANS 的模型有如下几种：Spalart-Allmaras 模型、标准 k-ε 模型、RNGk-ε 模型、Realizable$k$-ε 模型、标准 k-ω 模型、SSTk-ω 模型以及雷诺应力模型。各 RANS 模型的描述和优缺点如表 3.1 所示。

表 3.1　各湍流模型的描述及优缺点

湍流模型	应用描述	优点	缺点
Spalart-Allmaras 模型	单一输运方程模型，直接求解修正过的湍流黏性，用于航空领域中有界壁面流动	计算量小，对一定复杂程度的边界层问题有较好效果	计算结果没有被广泛验证，缺少子模型

续表

紊流模型	应用描述	优点	缺点
标准 k-ε 模型	基于两个输运方程的模型,系数由经验公式给出;只对完全湍流有效	应用多,计算量适中,有较多数据积累和相当精度	对于曲率较大、较强压力梯度、有旋问题等复杂流动模拟效果欠佳
RNG k-ε 模型	标准 k-ε 模型的变形,方程和系数是来自解析解,在 ε 方程中改善了模拟高应变流动的能力	能模拟射流撞击、分离流、二次流、旋流等中等复杂流动	受到涡旋黏性各向同性假设限制
Realizable k-ε 模型	标准 k-ε 模型的变形,用数学约束改善模型性能	和 RNG 基本一致,还可以更好地模拟圆孔射流问题	受到涡旋黏性各向同性假设限制
标准 k-ω 模型	基于两个输运方程,对有界壁面和低雷诺数流动性能较好	对壁面边界层、自由剪切流、低雷诺数流动具有较好的模拟效果。适用于逆压梯度存在情况下的边界层流动和分离、转捩	对于自由流,ω 过于敏感
SST k-ω 模型	标准 k-ω 模型的变形,使用混合函数将 SKW 与 SKE 结合起来	基本与标准 k-ω 相同	对壁面距离依赖性强,不太适用于自由剪切流
雷诺应力模型	直接使用输运方程来解出雷诺应力,避免了其他模型的黏性假设;用于强旋流	是最符合物理解的 RANS 模型。考虑了紊流各向异性的影响	占用较多的 CPU 时间和内存;较难收敛

对于紊流数学模型的选择应结合工程实际问题,综合考虑模型计算精度、计算耗时及计算可靠性来确定。土石坝漫顶溃决水流绝大多数计算区域处于紊流状态,在全面了解各模型优缺点的基础上,选择目前紊流问题研究中应用最广泛的 k-ε 模型来构建计算模型,考虑到溃坝水流的强紊动特性及冲刷射流的脉动漩涡结构,在具体应用时,选用 RNG k-ε 紊流模型对溃坝水流进行模拟。该模型是针对标准 k-ε 模型在模拟强旋流或者带有弯曲壁面流动时出现的失真现象而提出的,在模拟射流撞击等复杂流动时具有很大的优势。

在对紊流理论中的相关参数进行计算和统计的基础上,Yakhot 等系统地利用重整化群理论对紊流现象进行了分析,并提出了重整化群 k-ε 模型(RNG k-ε 模型)。采用 FAVOR 理论,在模型中加入相应的体积、面积分数的参数,得到直角坐标系下的湍动能 k_T 和耗散率 ε_T 的输运方程为:

$$\frac{\partial k_T}{\partial t}+\frac{1}{V_F}(uA_x\frac{\partial k_T}{\partial x}+vA_y\frac{\partial k_T}{\partial y}+wA_z\frac{\partial k_T}{\partial z})=P_T+G_T+D_T-\varepsilon_T \tag{3.6}$$

$$\frac{\partial \varepsilon_T}{\partial t}+\frac{1}{V_F}(uA_x\frac{\partial \varepsilon_T}{\partial x}+vA_y\frac{\partial \varepsilon_T}{\partial y}+wA_z\frac{\partial \varepsilon_T}{\partial z})$$
$$=\frac{C_{1s}\varepsilon_T}{k_T}(P_T+C_{3s}G_T)+D_\varepsilon-C_{2s}\frac{\varepsilon_T^2}{k_T} \tag{3.7}$$

式中:k_T 为紊动能;P_T 为由速度梯度引起的紊动能产生项;G_T 为浮力引起的紊动能产生项;D_T 和 D_ε 为紊动扩散项;ε_T 为紊动耗散率;C_{1s}、C_{2s} 和 C_{3s} 均为无量纲系数,在模型中,C_{1s} 取 1.42,C_{3s} 取 0.2,C_{2s} 则由 k_T 和 P_T 综合计算获得。

速度梯度引起的紊动项 P_T 由式(3.8)计算,如下:

$$P_T=C_s\left(\frac{\mu}{\rho V_F}\right)\begin{cases} 2A_x(\frac{\partial u}{\partial x})2+2A_y(\frac{\partial v}{\partial y})2+2A_z(\frac{\partial w}{\partial z})^2 \\ +\left(\frac{\partial v}{\partial x}+\frac{\partial u}{\partial y}\right)\left(A_x\frac{\partial v}{\partial x}+A_y\frac{\partial u}{\partial y}\right) \\ +\left(\frac{\partial u}{\partial z}+\frac{\partial w}{\partial x}\right)\left(A_z\frac{\partial u}{\partial z}+A_x\frac{\partial w}{\partial x}\right) \\ +\left(\frac{\partial v}{\partial z}+\frac{\partial w}{\partial y}\right)\left(A_z\frac{\partial v}{\partial z}+A_y\frac{\partial w}{\partial y}\right) \end{cases} \tag{3.8}$$

式中:C_s 为紊动参数,默认取 1;μ 为动力黏滞系数。

浮力引起的紊动项 G_T 由式(3.9)计算,如下:

$$G_T=-C_o\left(\frac{\mu}{\rho^3}\right)\left(\frac{\partial \rho}{\partial x}\frac{\partial p}{\partial x}+\frac{\partial \rho}{\partial y}\frac{\partial p}{\partial y}+\frac{\partial \rho}{\partial z}\frac{\partial p}{\partial z}\right) \tag{3.9}$$

式中:p 为压力,C_o 为紊动参数,默认为 0,但是对于热力流问题,近似取 2.5。

扩散项 D_T 和 D_ε 的表达式分别如下所示:

$$D_T = \frac{1}{V_F}\left[\frac{\partial}{\partial x}\left(v_k A_x \frac{\partial k_T}{\partial x}\right) + \frac{\partial}{\partial y}\left(v_k A_y \frac{\partial k_T}{\partial y}\right) + \frac{\partial}{\partial z}\left(v_k A_z \frac{\partial k_T}{\partial z}\right)\right] \quad (3.10)$$

$$D_\varepsilon = \frac{1}{V_F}\left[\frac{\partial}{\partial x}\left(v_\varepsilon A_x \frac{\partial \varepsilon_T}{\partial x}\right) + \frac{\partial}{\partial y}\left(v_\varepsilon A_y \frac{\partial \varepsilon_T}{\partial y}\right) + \frac{\partial}{\partial z}\left(v_\varepsilon A_z \frac{\partial \varepsilon_T}{\partial z}\right)\right] \quad (3.11)$$

式中：v_k 和 v_ε 为紊动扩散系数，根据运动黏滞系数 v_T 而定，其中 v_T 可表示为

$$v_T = C_u \frac{k_T^2}{\varepsilon_T} \quad (3.12)$$

其中，C_u 默认取 0.085。

在计算过程中需要对紊动耗散率 ε_T 进行严格控制，避免造成与实际不符的巨大能量耗散，模型中引入最大紊动长度的概念 T_m，计算初始时取计算区域中最小长度尺度或水力半径的 7%，则限制的最小耗散率 $\varepsilon_{T,\min}$ 由式（3.13）计算：

$$\varepsilon_{T,\min} = C_u \sqrt{\frac{3}{2}} \frac{k_T^{\frac{3}{2}}}{T_m} \quad (3.13)$$

模型中动力黏滞系数 μ 由式（3.14）计算：

$$\mu = \rho(\nu + \nu_T) \quad (3.14)$$

式中：ν 为分子黏滞系数；ν_T 为紊动运动黏滞系数。

通常在充分发展的紊流中，流体运动黏滞系数要比分子黏滞系数大得多，因此式（3.14）可近似表示为：

$$\mu = \rho \nu_T \quad (3.15)$$

3.1.1.3 数值计算方法

（1）控制方程的离散

进行 CFD 计算需要首先对计算区域进行离散化，即将连续的计算区域划分为若干子区域，确定每个区域中的节点，从而生成计算网格。常用的控制方程离散化方法有有限差分法、有限体积法及有限元法。本研究采用有限差分法（FDM）对控制方程进行离散。有限差分方法是计算流体力学最早采用的方法，目前在计算机数值模拟中仍被广泛运用。该方法将待求解区域划分为若干差分网格，使用有限个网格节点替代连续的求解域。有限差分法采用 Taylor

级数展开等方法,用各个网格节点上函数值的差商代替控制方程中的导数来进行离散,建立以网格节点上的值为待求未知数的代数方程组。该方法直接将微分问题变为代数问题,具有数学概念直观、表达简单的优点,是发展较早且较为成熟的近似数值解法。差分的格式从精度上来划分,可分为一阶格式、二阶格式和高阶格式;从空间形式上来考虑,又可分为中心差分格式和逆风格式;考虑时间因子的影响,还可分为显格式、隐格式以及显隐交替格式等。

本研究在数模计算中采用三维交错网格进行空间上的离散,除了速度和面积分数变量定义在网格边界面的中心外,其他变量如压强、密度、流体黏度等都定义在控制体的中心,如图 3.1 所示。其中,对流项采用一阶迎风离散格式,黏性项采用标准的中心差分离散格式,所有方程离散在时间上均采用显格式。

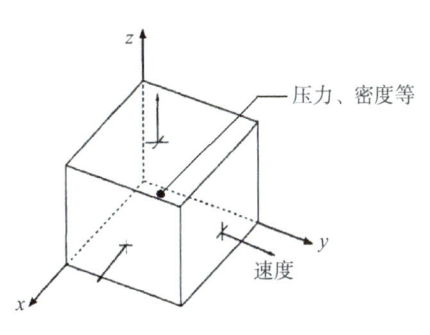

图 3.1 网格变量定义示意图

(2) 控制方程的数值解法

将控制方程离散为代数方程之后,由于压力和速度是耦合在一起的,因此需要按照一定的顺序来求解。在具体求解时,先引入一个中间速度量,不考虑下一时刻压力场对速度场产生的影响,引入当前时刻的压力修正值,通过求解动量方程获得中间速度,再将由动量方程离散出来的相关关系代入连续方程中,生成含有压力修正值的泊松方程。

求解压力泊松方程的方法有:线性隐式 SADI 算法、SOR 迭代法和 GMRES 算法等。其中 GMRES 算法计算精度高,收敛速度快且不易发散,在 N-S 方程的求解中具有很高的效率,是求解大型矩阵方程的经典算法之一。因此,本研究选用该算法进行数值模拟计算。

3.1.1.4 边界条件及网格划分

土坝漫顶溃决水流在不同的发展阶段呈现不同的水流特征,结合当前国内外开展的溃坝现场原型试验及室内水槽试验的最新研究成果,本研究将整个溃坝纵向发展过程概化成 5 个宏观溃决阶段。数值模拟研究针对各特征溃决阶段的典型坝体几何形态建立相应的数学模型,进而对其水力特性进行细致的研究分析。

图 3.2 为漫顶水深 2 cm,陡坎高度 6 cm 工况时计算模型的剖面图,以此

为例对模型的计算区域、边界条件设置以及网格划分情况进行展示说明。整个计算模型大致可以分为三个区域：坝前水库区、坝体区及坝后尾水区，其长度尺寸完全按照物理模型试验装置尺寸来确定。

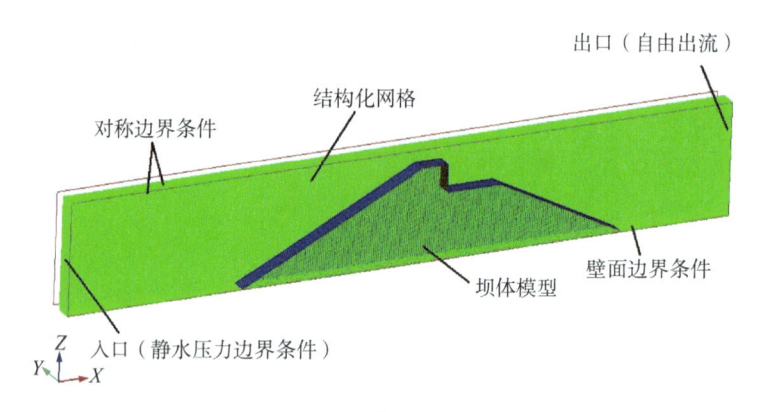

图 3.2　计算模型剖面图

(1) 边界条件的设置

为了保证上游水位的充分稳定，坝前设置了足够长的计算域，在真实土石坝发生漫顶时上游水库内流速很小，入口采用静水压力边界条件；下游出口则采用自由出流边界条件，对出口水流不做过多的限制；模型底部采用不可滑移壁面边界条件；为了对网格数量进行控制，同时保证一定的模拟精度，沿坝轴线的 y 方向取为 5 cm，并将两侧设置为对称边界条件，即边界上没有不稳定特性和剪切存在；计算域上部为空气，在建模时同样取对称边界条件，忽略其不稳定影响。

(2) 网格划分

为了最大限度保证计算精度，整个计算域采用均一结构化网格进行划分，网格长宽比 1∶1，只在跌坎处等重点部位进行局部加密，最大网格尺寸 0.002 5 m，本研究需要对不同体型坝体进行建模计算，因此网格数量并非定值，总体网格数量控制在 120 万～170 万之间。

(3) 水气交界面的追踪（VOF 方法）

带有自由表面的水流流动是水利工程中普遍存在的流动形式，也是数值模拟过程中需要解决的关键问题，溃坝水流为无压开敞流动，必须对自由表面问题进行有效处理。目前对自由表面的追踪有很多种方法，如 MAC 法、标高函数法、VOF 法、动网格法等，本研究采用 VOF 方法来对自由液面进行模拟。

VOF(Volume of Fluid)方法是 Hirt 等人在 MAC 方法的基础上提出的用于处理复杂自由表面问题的有效方法，在流场中的每个网格，定义目标流体体积与网格体积的比值函数 F。只要知道该函数在每个网格上的值，就可实现对运动界面的追踪。采用 VOF 方法对复杂运动界面进行追踪计算所需时间短、内存消耗较少，但在处理 F 函数的变化时稍显烦琐，存在一定的人为因素；若 $F = 1$，则说明该单元全部为指定流体相所占据；若 $F = 0$，则该单元为非指定流体相单元；当 $0 < F < 1$ 时，则说明该单元为交界面单元。国内外专家学者基于 VOF 方法的基本原理，从方程差分格式以及自由面传输两方面入手，提出了多种联合改进 VOF 方法[138]。作为目前世界上处理界面问题最主要的方法之一，VOF 法不论在二维还是三维数值模型中都能很方便地被应用，拥有广阔的前景。

3.1.2　模型验证

土石坝漫顶溃决水流是高速急变流，在整个溃坝过程中存在多角度、大流速的复杂水流结构，需合理选用计算模型对其进行准确模拟，从而获得溃坝水流对坝体土料的冲蚀主动力。数学模型模拟结果的准确性是衡量其质量高低最重要的指标，只有在模拟精度满足相应要求的条件下，所建立的数学模型才具有实用价值。工程原型观测或物理模型试验数据是对数学模型数值模拟精度进行验证的最可靠依据。本节通过对比数模计算结果与物理模型试验结果，来对所建数值模型的准确性和精确程度进行验证。

3.1.2.1　典型工况模拟结果

采用 RNG k-ε 紊流模型，对漫顶溃决水流进行模拟，分别对无陡坎工况、单陡坎工况以及双陡坎工况的水流特性进行了计算，现以陡坎高度 6 cm，漫顶水深 3 cm 的单陡坎工况为例，对土坝溃决跌坎冲射水流数值模拟成果进行简要分析。

图 3.3 和图 3.4 分别为土坝漫顶跌坎水流的流速分布和压力分布图，由图可见：由于跌坎的存在，水流越过坝顶后形成一股冲射水流直接冲击跌坎水平面，在水流落点上方并非完全充满水，而是形成一个具有一定水深的坎下回流区。从整体上看，上游水库水位基本不变，到达坝顶前缘时开始有明显的跌落现象；回流区内由于存在水流漩涡结构，使得水域中心位置流速稍小；在冲射主流与落点上游侧水域之间存在较为明显的高速水流与低速水流的剪切层；在冲射水流落点处存在一个压力极大区域，而在跌坎水平面与坝坡交界处存在负压区域；下游坡面上水流流速沿程增大，相应的坝面水深逐渐减小，在坝址处由于

坝体体型变化,存在一个低流速区和大压力区。

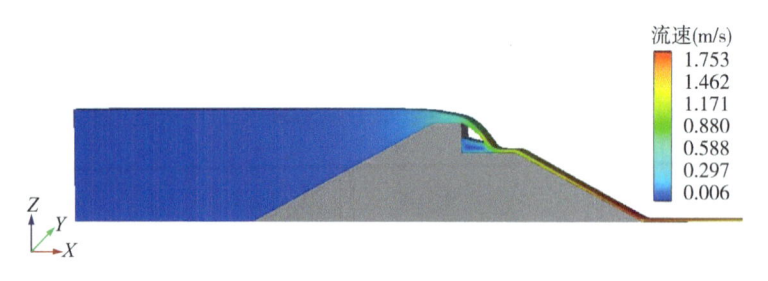

图 3.3 漫顶跌坎水流流速分布

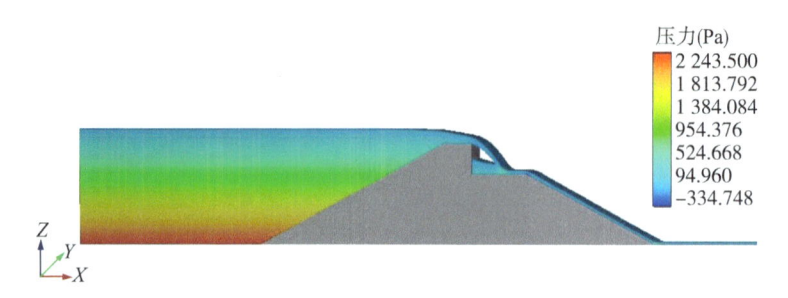

图 3.4 漫顶跌坎水流压力分布图

3.1.2.2 溃坝水流的几何特性验证

黏性土坝在漫顶洪水的冲刷作用下会逐渐形成跌坎等典型结构形态,溃坝水流流经跌坎,由于体型突变,水流结构发生极大变化,形成的冲射水流除了不断对落点下游侧进行冲刷之外,在落点上游侧将形成具有一定高度的坎下回流区。图 3.5 将数学模型对水面线的模拟结果与试验成果进行比较验证。结果表明,数学模型可真实反映实际试验成果,两者吻合较好,能够用于土坝漫顶水力学的模拟。

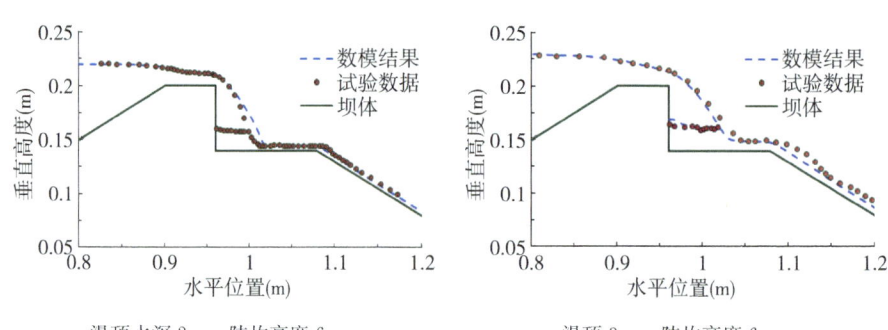

漫顶水深 2 cm,陡坎高度 6 cm　　漫顶 3 cm,陡坎高度 6 cm

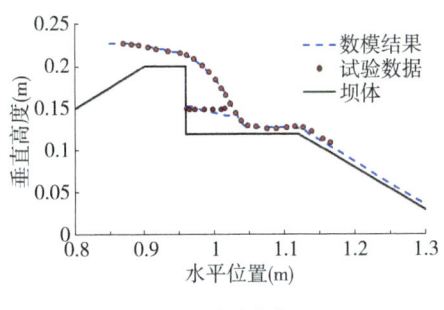

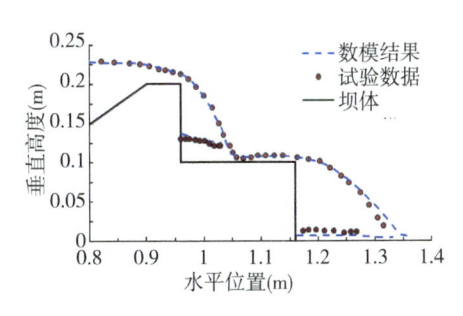

漫顶 3 cm，陡坎高度 8 cm　　　　漫顶水深 3 cm，双陡坎模型（坎高 10 cm）

图 3.5　水面线比较验证

表 3.2 定量对比了几个关键特征指标的模拟精度，其中各工况表示为"陡坎个数-陡坎高度-漫顶水深"的格式。从中可以看出，尽管数模计算值与试验数据之间存在一定的误差，但是从整体来看本研究建立的数学模型可有效反映跌坎水流的几何特性，对溃坝水流的流动过程进行较为准确的模拟。

表 3.2　数模计算结果对比验证

工况	坝顶下缘水深 h_e(cm) 试验	数模	相对误差(%)	回流区水深 h_s(cm) 试验	数模	相对误差(%)	冲射水平距离 L(cm) 试验	数模	相对误差(%)
1-6-2	0.95	0.94	−1.05	1.87	1.88	0.53	5.14	5.40	5.06
1-6-3	1.40	1.43	2.14	2.08	2.10	0.96	7.00	6.81	−2.71
1-8-3	1.40	1.43	2.14	2.90	2.85	−1.72	7.70	7.75	0.65
2-10-3	1.39	1.43	2.88	2.89	2.95	2.08	9.15	9.26	1.20

3.1.2.3　溃坝水流的水力特性验证

（1）流场结构对比验证

表 3.3 将 1-6-3 工况下跌坎水流流场结构的模拟结果与 PIV 试验成果进行比较验证，从中可以看出，数值模拟结果与试验成果基本一致。表明本研究所建模型可较为真实地反映实际土坝漫顶水流状态，具有较好的模拟精度，可用来对陡坎冲射水流进行模拟研究。

表 3.3　模型计算成果与试验成果对比

模型	坝顶水流流场结构	坎下回流区流场结构
PIV 试验成果		
模型计算结果		

(2) 特征位置流速对比验证

① 坝顶平均流速分布

图 3.6 对比验证了两种不同工况下坝顶平均流速实测值和数模计算值，从中可以看出，数模计算结果与试验实测结果较为接近，可认为本研究所建数学模型参数选取合理，模拟效果较好。

1-6-3 工况　　　　　　　　　　1-6-4 工况

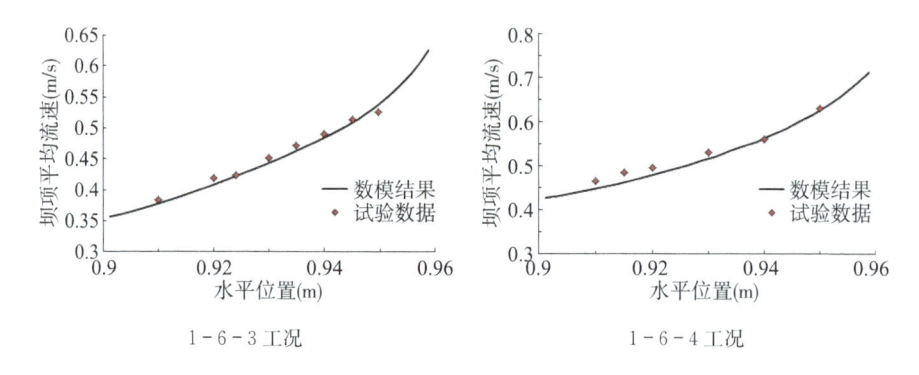

图 3.6　坝顶平均流速对比验证

② 坎下回流区水流流速对比

图 3.7 分别绘制了两种代表工况下回流区内距离陡坎水平面约 0.5 cm 处的水平流速分布情况（为避免受到有机玻璃对 PIV 量测效果的影响，故未取底壁水平流速进行比对），从中可以看出，尽管数模计算结果与 PIV 量测成果存在一定的差异，然而对比分析发现，反向水流水平流速的整体变化趋势、最大水平流速值以及在壁面处的水流情况基本接近，对于水流结构极其复杂的漩涡区域而言，可认为该数学模型已有效反映了水流的基本特性，能够对溃坝跌坎水

流的水力特性进行模拟。

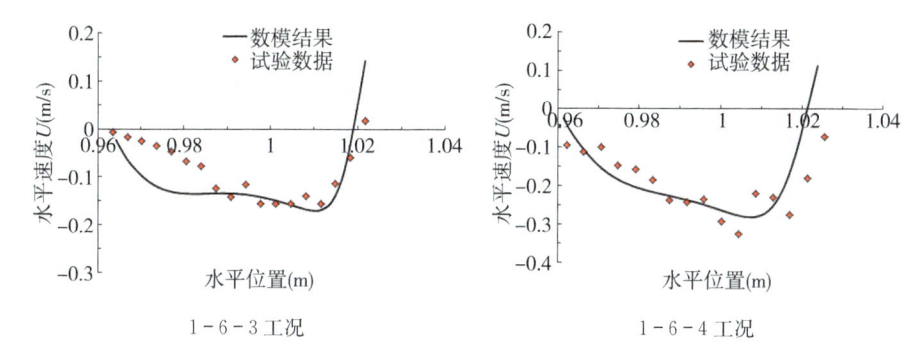

图 3.7 陡坎水平壁面水平流速对比验证

3.1.3 数模计算工况

采用数学模型对土坝漫顶典型水流的水力特性进行模拟研究,为透彻掌握漫顶情况下水流主动力的作用机制及开展进一步的水土耦合研究提供技术参考。为兼顾模拟工况的全面性和计算效率,本研究在工况设计时遵循正交设计原则,表 3.4 对具体开展的数值模拟工况进行了总结,其中编号的含义为:数模(S)陡坎个数-陡坎高度-漫顶水深。

表 3.4 数模计算工况

编号	陡坎个数	陡坎高度(cm)	漫顶水深(cm)
S0-0-2	0	—	2
S0-0-3	0	—	3
S0-0-4	0	—	4
S0-0-5	0	—	5
S0-0-6	0	—	6
S1-4-3	1	4	3
S1-6-2	1	6	2
S1-6-3	1	6	3
S1-6-4	1	6	4
S1-6-5	1	6	5
S1-8-3	1	8	3

续表

编号	陡坎个数	陡坎高度(cm)	漫顶水深(cm)
S1-10-3	1	10	3
S1-12-3	1	12	3
S2-10-2	2	10(10)	2
S2-10-3	2	10(10)	3
S2-10-4	2	10(10)	4
S2-10-5	2	10(10)	5
S2-10-6	2	10(10)	6

注：10(10)表示上下两级陡坎高度均为10 cm。

3.2 表面冲刷水流数值模拟

坝面水深、坝面流速、剪切应力、压力分布等是土坝漫顶溃决的主要影响因素，通过开展不同工况的水流数值模拟，获取坝面水力指标的变化规律，可从本质上了解掌握水流主动力的冲蚀作用机制，为进一步发展完善溃坝机理提供理论支持。本节针对表面冲刷工况，围绕上述水力指标进行相关水力特性分析。

3.2.1 整体流场结构及流态分析

图3.8为漫顶水深3 cm(S0-0-3)工况下表面冲刷水流的整体流场结构，从中可以看出如下特征。① 在水流漫顶初始阶段（表面冲刷阶段），上游库水位变幅较小，在靠近坝顶前缘时才开始出现明显下降，且在坝顶处存在显著的水位跌落现象，坝面水深从坝顶至坝趾沿程逐渐减小。整体水面线较为光

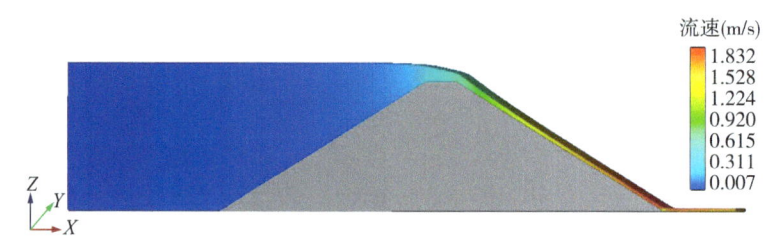

图3.8 表面冲刷水流整体流场结构(S0-0-3工况)

滑,表明表面冲刷水流的水流流态相对平稳。② 水库库区整体流速较小,在接近坝顶及下游坝坡位置存在势能向动能的转化,使得坝面流速沿程迅速增大;而在坝趾处由于体型突变导致水流直接冲击水平坝基面,产生局部流速减小区域。

图3.9为S0-0-3工况漫顶水流的流线分布情况,由图可见,在库区水流流线较为均匀;接近坝体时,由于坝体的阻挡作用导致流线出现弯转,水流沿坝面向上流动;在坝顶处出现流线的汇集,表明水流流速在坝顶迅速增大;在坝顶下缘受到坝体体型变化影响,流线再次出现偏转,整体来看,沿下游坡面的流线分布十分密集。

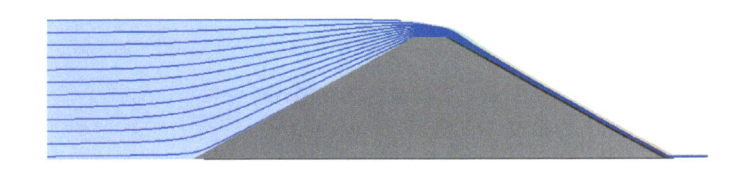

图3.9 表面冲刷水流流线分布(S0-0-3工况)

图3.10展示了S0-0-3工况表面冲刷水流的Froude数沿程变化情况,从计算结果可以看出:在水库库区Froude数均很小,整个水流流态为缓流;在坝顶上漫顶水流Froude数逐渐增大,在坝顶中下部开始大于1,意味着水流由缓流逐渐过渡到急流状态;在坝体下游坡面,随着水流流速的增大、坝面水深的减小,其Froude数也迅速增大。

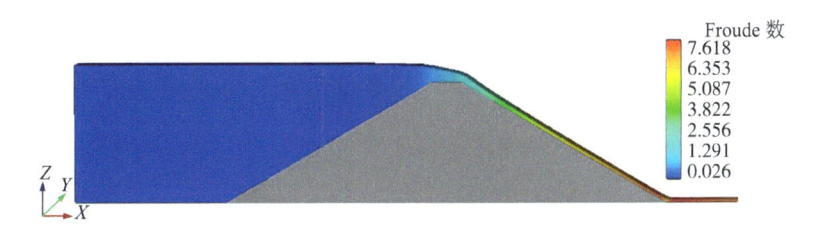

图3.10 表面冲刷水流Froude数沿程变化云图(S0-0-3工况)

3.2.2 坝面水深分布规律

图3.11为不同漫顶水深工况下坝面水深的分布情况,由图可以看出:① 对于无陡坎的表面冲刷工况,漫顶水流沿坝面而下,流态较为均匀;② 对于

同一漫顶水深工况，坝面水深沿程下降，在坝坡的中上部水深变幅较大，在下部则变幅较小；③ 对于下游坝坡的同一位置，坝面水深随漫顶水深的增大而增加，中上部增幅较大，中下部增幅较小。

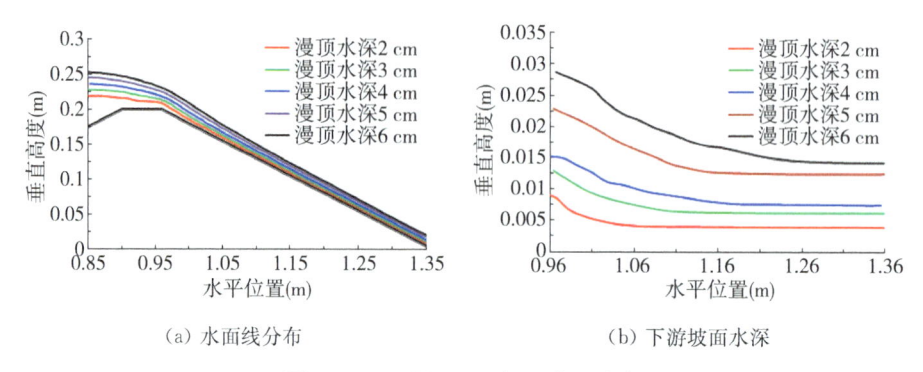

(a) 水面线分布

(b) 下游坡面水深

图 3.11　不同工况下坝面水深分布

3.2.3　坝面平均流速分布规律

图 3.12 展示了不同漫顶水深工况下，坝顶和下游坝坡的平均流速分布，从中可以看出：① 在相同漫顶水深工况下，水流流速在坝顶迅速增加，并在坝顶下缘的坝肩位置存在一个速度变化折点，之后在下游坝坡水流流速沿程增大，最终在坝趾位置存在流速突变，迅速减小；② 对于不同漫顶水深工况，随着漫顶水深的增加，坝面平均流速逐渐增大。

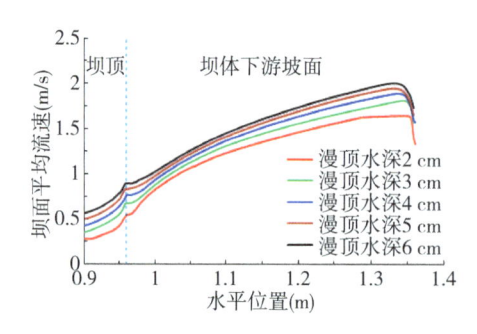

图 3.12　不同工况下坝面平均流速分布

3.2.4　坝面剪切应力分布

剪切应力是漫顶水流作用于坝面土体的重要主动力，直接导致了坝体的侵蚀破坏，图 3.13 展示了表面冲刷各工况下坝面剪切应力分布，从中可以看出：① 在同一漫顶水深情况下，坝顶剪切应力在上游边缘处存在减小趋势，之后沿程迅速增大；② 受到坝体体型突变的影响，在坝顶下缘的坝肩位置出现较大的剪切应力极值；③ 坝体下游坡面水流剪切应力沿程增大，并在接近坝趾位置出现最大值,随后剪切应力突变,出现极小剪切应力值;④ 对于不同漫顶水深工况,水深越大,水流壁面剪切应力越大,而在坝体下游坡面的中上部剪切应力差异较小,而在中下部则差异显著。

3.2.5 坝面压力分布

水流产生的上举力是坝面土体起动及侵蚀发展的重要因素之一,而上举力的产生主要是坝面土体上下存在压差所致,因此,了解漫顶水流在坝面的压力分布对于判别坝体相对薄弱位置具有重要的实际指导意义。图 3.14 展示了不同工况下的坝面压力分布,从中可以看出:① 同一漫顶水深下,坝顶水流压力沿程迅速减小,在坝顶下缘的坝肩位置由于受到坝体体型突变的影响,出现了较大负压极值;在下游坝坡,坝面压力和坝面水深分布特性相一致,均沿程逐渐减小;而在坝趾处,同样受到体型变化影响,出现了压力极大值;② 对于不同漫顶水深工况,随着漫顶水深的增加,下游坝坡压力逐渐增大;在两个极值部位,坝面压力变幅较大,漫顶水深越大,坝肩位置的负压极值越大,坝趾处的正压极值也越大。

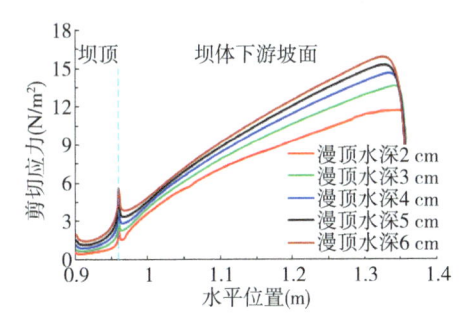

图 3.13 不同工况下坝面剪切应力分布 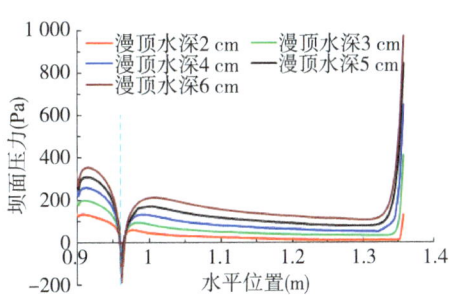　　图 3.14 不同工况下坝面压力分布

3.3 单陡坎冲射水流数值模拟

陡坎冲射水流是溃口发展阶段的主要水流形式,对其水力特性开展研究可从本质上了解掌握溃坝发展机理,具有重大的科研价值,本节首先对不同工况下单陡坎冲射水流进行数值模拟,在此基础上对其典型水力特性进行分析探讨。

3.3.1 单陡坎整体流场结构及流态分析

图 3.15 展示了单陡坎冲射水流整体流场结构,从中可以看出:① 在冲射水流落点上方形成一个具有一定水深的坎下回流区,与试验结果完全一致;② 与表面冲刷工况相类似,上游库水位基本不变,到达坝顶前缘时开始有明显的跌落现象,且漫顶水深在坝顶继续降低;③ 在陡坎冲射水流形成的回流区内存在漩涡水流结构,使得水域中心位置流速稍小,且在冲射主流与落点上游侧水域之间存在较为明显的高速水流与低速水流的剪切层;④ 坎后下游坡面水流水面线较为光滑,水流流速沿程迅速增大,然而在坝址处由于坝体体型突变,存在局部流速减小区域;⑤ 水流能量在陡坎处存在较大耗散,使得下游坡面水流流速较相同漫顶水深的表面冲刷工况要小。

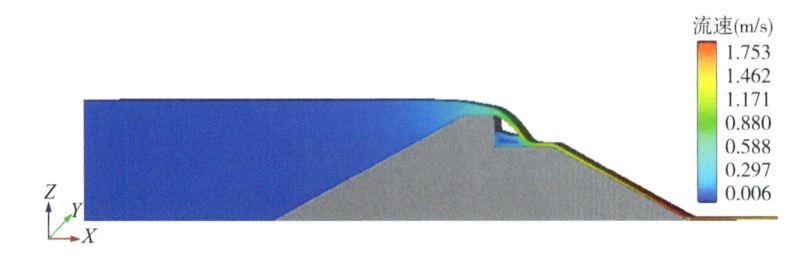

图 3.15　单陡坎冲射水流整体流场结构(S1-6-3 工况)

图 3.16 展示了 S1-6-3 工况漫顶冲射水流的流线分布情况,从中可见:① 在坝顶上游侧水流流线分布同无陡坎工况基本相同,在库区较为均匀,接近坝体时,受坝体的阻挡作用出现流线弯转,并在坝顶处汇集;② 陡坎落点上游侧环状流线结构表明该处存在漩涡水流结构;③ 落点下游侧整体流线分布较为密集,流速相对较大。

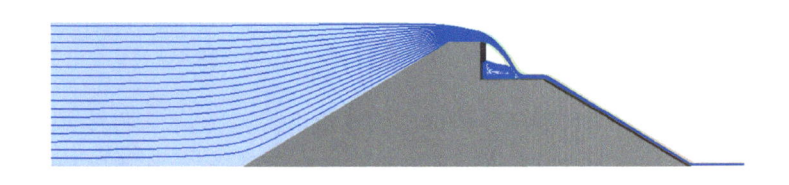

图 3.16　单陡坎冲射水流流线分布(S1-6-3 工况)

3.3.2 单陡坎冲射水流水面线分布

图 3.17 展示了不同工况下单陡坎冲射水流水面线分布情况，图 3.17(a) 为同一陡坎高度下不同漫顶水深工况的水面线分布情况，从中可以看出：① 在同一漫顶水深下，水流流经跌坎形成冲射水流直接冲击陡坎水平面，并在落点上游侧形成具有一定深度的坎下回流区；② 对于不同漫顶水深，冲射水平距离（冲射水流落点距陡坎底部的距离）和回流区水深都随漫顶水深的增大而增大；③ 在坝顶和坎后坡面，坝面水深沿程逐渐下降，并均随漫顶水深的增大而增大。图 3.17(b) 为不同陡坎高度工况下的坝面水面线分布情况，从中可以清晰地看出：① 坝顶水面线分布基本保持一致，这也从侧面说明陡坎高度对于坝顶水流形式影响不大；② 冲射水流空中轨迹具有较大的相似性，落点位置随着陡坎高度的增加而逐渐增大；③ 不同陡坎高度下，坎后坝面水深变化情况较为相似。

(a) 相同陡坎高度(6 cm)不同漫顶水深

(b) 相同漫顶水深(3 cm)不同陡坎高度

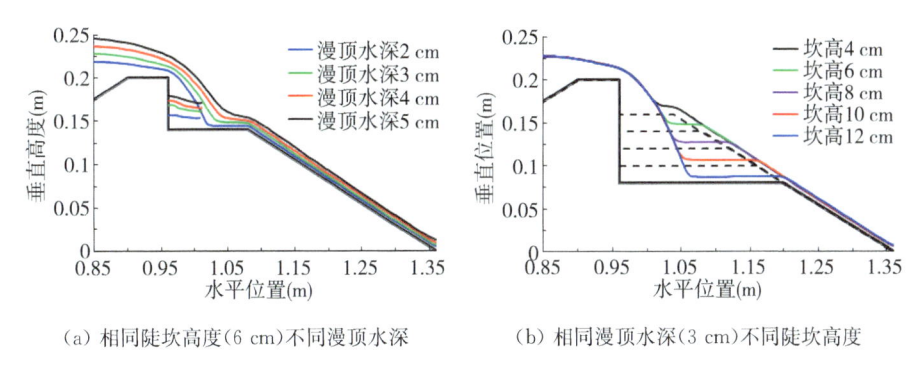

图 3.17 单陡坎不同工况冲射水流水面线分布

3.3.3 单陡坎坝面剪切应力分布

3.3.3.1 相同陡坎高度不同漫顶水深下坝面剪切应力分布

鉴于剪切应力的重要性，图 3.18 展示了相同陡坎高度(6 cm)，不同漫顶水深工况下坝面剪切应力分布情况。从中可以看出：① 在坝顶处，其剪切应力分布同无陡坎工况基本相同，在坝顶上游坝肩位置存在剪切应力减小趋势，之后沿程迅速增大，并且在坝顶下缘的坝肩处存在剪切应力极大值；② 在陡坎水平面水流落点两侧分别出现了剪切应力极大值，剪切应力分布呈现"双峰"特征，相比而言下游侧的剪切应力极值较大；在冲射水流落点上游侧，首先出现剪切应力极大值，随后逐渐减小，至陡坎底部时相应剪切应力很小；③ 在陡坎水平面与下游坝坡连接部位由于体型变化再次出现剪切应力的极大值，而若水流落点距离连接部位较近，则两个剪切应力极值有可能"合并"成为较大极值，如图3.18漫顶水深4 cm，5 cm工况所示；④ 坎后坡面剪切应力分布较为规则，沿程逐渐增大，而在坝趾处受坝体体型变化影响出现剪切应力极小值；⑤ 尽管在不同坝体区域存在不同的剪切应力分布形式，然而随着漫顶水深的增大，坝面剪切应力整体呈现增大的趋势，且在坝坡中下部增幅逐渐加大。

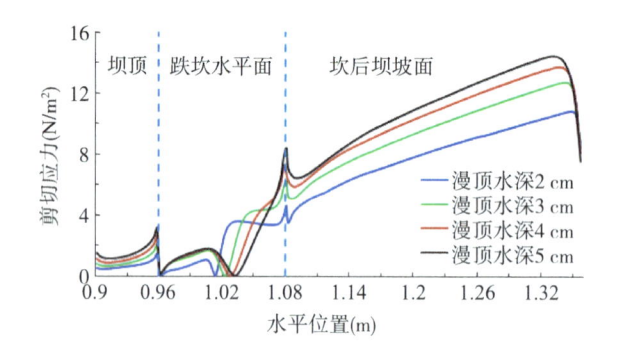

图3.18 相同陡坎高度(6 cm)不同漫顶水深坝面剪切应力分布

3.3.3.2 相同漫顶水深不同陡坎高度下坝面剪切应力分布

为了探讨陡坎高度对坝面剪切应力的影响，本研究展开相应的数值模拟，图3.19展示了相同漫顶水深(3 cm)，不同陡坎高度工况下的坝面剪切应力分布。从中可以看出：① 各工况坝顶剪切应力分布基本相同，在坝顶上游坝肩位

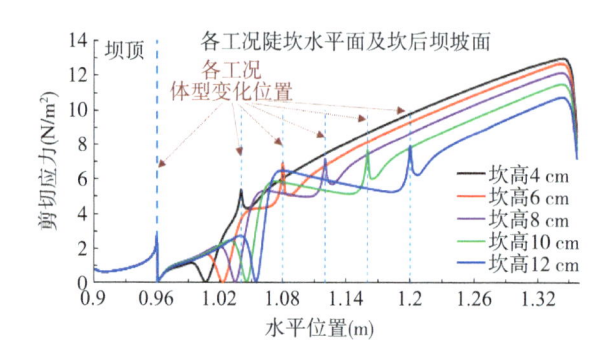

图3.19 相同漫顶水深(3 cm)不同陡坎高度下坝面剪切应力分布

置出现小范围减小趋势,之后剪切应力沿程迅速增大,并在坝顶下缘位置出现极大值;② 不同陡坎高度将导致冲射水流落点位置不同,冲射落点水平距离(冲射水流落点距陡坎底部的水平距离)随着陡坎高度的增大而增大;③ 冲射水流在落点两侧同样形成剪切应力极大值,呈现"双峰"形式,随着陡坎高度的增大,水流落点两侧的剪切应力极值也逐渐增大,然而在陡坎底部附近各工况剪切应力分布基本一致,剪切应力值均较小;④ 对于同一陡坎高度,坎后坡面剪切应力依然沿程增大,然而对于不同陡坎高度工况,剪切应力随着坎高的增大整体呈减小趋势。

3.3.3.3 不同工况下陡坎垂直壁面剪切应力分布

陡坎垂直面上的剪切应力分布直接关系到陡坎纵向冲蚀发展过程,图 3.20(a)展示了相同陡坎高度不同漫顶水深工况下陡坎垂直面剪切应力分布,由图可见:① 在陡坎垂直面上,剪切应力呈现"单峰"分布形式,在垂直面中部剪切应力较大,陡坎底部及水域上部剪切应力较小;② 不同漫顶水深工况下,随着漫顶水深的增大,垂直壁面上的剪切应力整体呈现增大的趋势,剪切应力最大值逐渐增大,最大剪切应力作用点位置也逐渐上移;③ 随着漫顶水深的不断增大,尽管垂直壁面剪切应力整体呈现增大的趋势,然而其峰值变幅存在逐渐减小的趋势。图 3.20(b)则给出了相同漫顶水深不同陡坎高度工况下,陡坎垂直壁面剪切应力的分布情况,由图可以看出:① 坝体陡坎垂直面上剪切应力均呈现"单峰"形式,自陡坎底部沿垂直方向剪切应力先增大后减小;② 在陡坎高度逐渐增大的过程中,垂直壁面剪切应力峰值存在先增大后减小的趋势。这一规律揭示:在陡坎高度增大的过程中存在一定的限值,当陡坎超过这一高度后,水流对于陡坎垂直面的作用力将会越来越小。

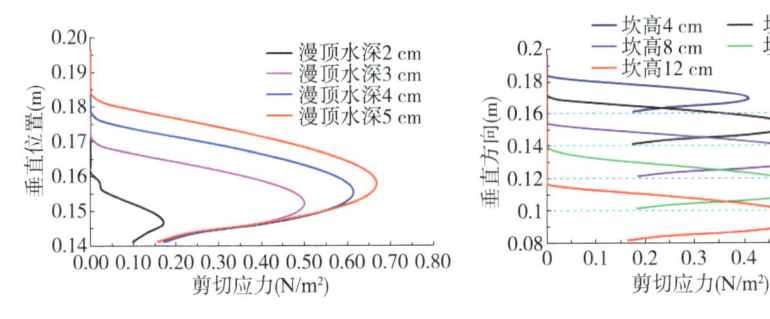

(a) 相同陡坎高度(6 cm)不同漫顶水深　　(b) 相同漫顶水深(3 cm)不同陡坎高度

图 3.20　不同工况下陡坎垂直壁面剪切应力分布

3.3.4 单陡坎坝面压力分布

3.3.4.1 相同陡坎高度不同漫顶水深下坝面压力分布

图3.21绘制了相同陡坎高度（6 cm）不同漫顶水深下的坝面压力分布，从图中可以看出：① 在坝顶处，坝面压力分布同无陡坎工况的坝顶压力分布基本一致，均随坝面水深的减小而迅速降低；② 在陡坎水平面存在一个单峰压力极值，该值出现在冲射水流落点处，峰值两侧压力较小；③ 在陡坎水平面与下游坝坡的连接处由于坝体体型变化，存在绝对值较大的压力极小值；④ 在坎后坡面上压力逐渐减小，而在坝址处同样由于坝体体型变化而出现压力极大值；⑤ 不同漫顶水深工况下，随着漫顶水深的增大，坝面压力无论是正压还是负压均呈现增大的趋势，且在各极值处变幅明显。

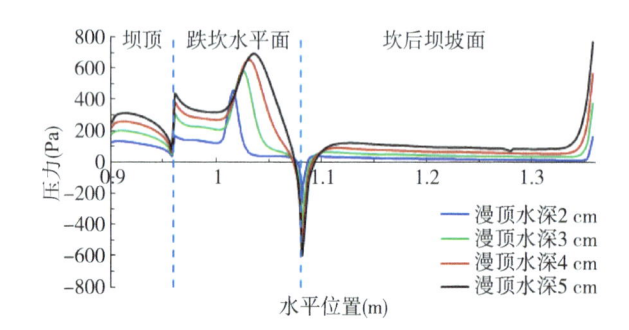

图3.21 相同陡坎高度（6 cm）不同漫顶水深下坝面压力分布

3.3.4.2 相同漫顶水深不同陡坎高度下坝面压力分布

图3.22展示了相同漫顶水深（3 cm）不同陡坎高度下的坝面压力分布，图中用虚线标明了各工况坝体体型变化位置。从中可以看出：① 不同坎高下，坝面压力分布形式完全一致，在冲射水流落点处存在压力极大值，陡坎水平面与

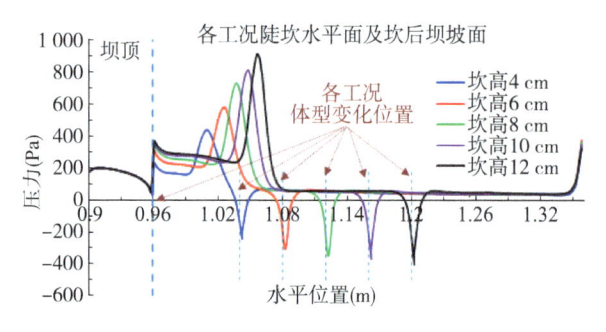

图3.22 相同漫顶水深（3 cm）不同陡坎高度下坝面压力分布

下游坝坡的连接处存在压力极小值,坝趾部位存在压力极大值;② 对于不同坎高工况,在坝顶和坎后坝坡面压力分布基本一致,均沿程逐渐减小,并无较大差别;③ 压力与陡坎高度成正比关系,陡坎高度越高,各压力极值也相应越大。

3.3.4.3 不同工况下陡坎垂直壁面压力分布

图 3.23 为不同工况下陡坎垂直壁面上的压力分布情况,从中可以看出:① 对于所有工况垂直壁面压力分布均近似为三角形形式,这与静压分布形式基本一致,表明尽管回流区水流结构较为复杂,然而在壁面处流速较小,对压力分布影响不大,垂直壁面附近水压近似为静水压力;② 对于同一陡坎高度工况,随着漫顶水深的增加,陡坎底部压力增大;③ 对于同一漫顶水深工况,随着陡坎高度的增加,陡坎底部压力同样呈增加的态势,然而当陡坎高度达到一定程度以后,其增幅不明显。

(a) 相同陡坎高度(6 cm)不同漫顶水深

(b) 相同漫顶水深(3 cm)不同陡坎高度

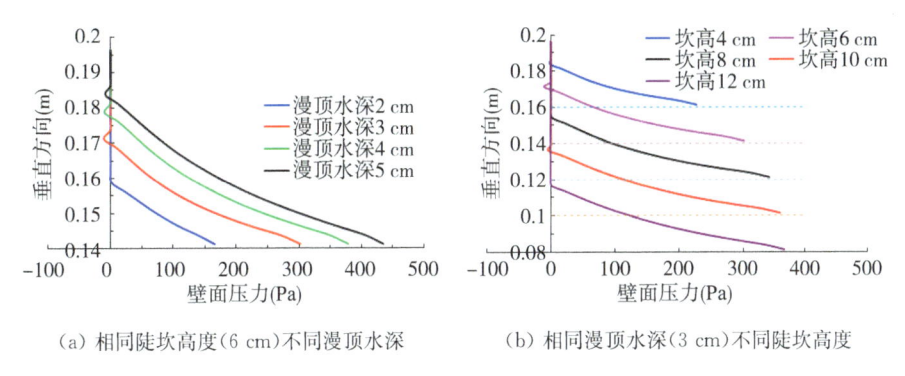

图 3.23　不同工况下陡坎垂直壁面压力分布

3.3.5　单陡坎不同工况下陡坎底壁水平流速分布

陡坎水平面底部流速分布直接反映了坎下回流区的水流结构特性,图 3.24(a)展示了相同陡坎高度(6 cm)不同漫顶水深下陡坎水平面底壁流速分布,从图中可知:① 水流水平流速在落点处改变,分别向两侧分流,并迅速增大至相应最大流速,总体上看,反向水流流速小于主流方向水流流速;② 反向水流流速迅速增大至最大流速,之后逐渐减小,至陡坎底部时,水流流速很小,整体上呈"单峰"形式。图 3.24(b)为相同漫顶水深(3 cm)不同陡坎高度下陡坎水平面底壁流速分布,从中可以看出:① 冲射水流依然自水流落点处进行分界,形成流向截然相反的两股水流;② 陡坎高度越大,冲射水流落点距陡坎底部距离越远，水流流速越大；③ 尽管不同工况下水流流速分布存在一定差别，然而在陡坎底部流速均较小，甚至接近于 0。

(a) 相同陡坎高度(6 cm)不同漫顶水深　　(b) 相同漫顶水深(3 cm)不同陡坎高度

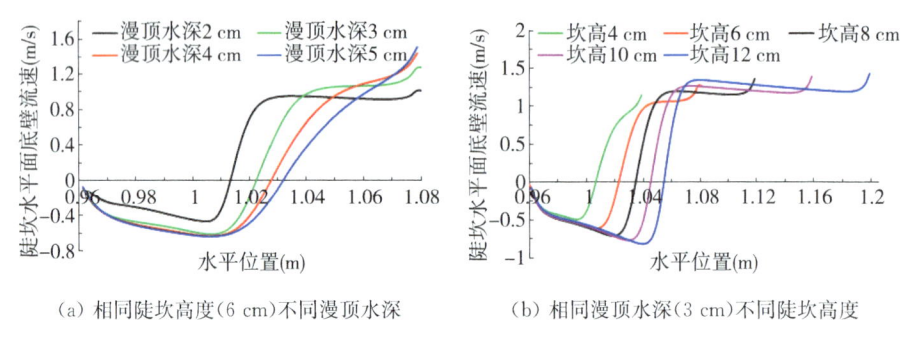

图 3.24　单陡坎不同工况陡坎水平面底壁流速分布

3.4　双陡坎冲射水流数值模拟

黏性土坝在水流的不断冲刷作用下，常以陡坎式溯源冲刷为主要蚀退形式，在溃决发展过程中伴随着多级小陡坎的产生、发展以及合并等过程，因此探索漫顶水流在多级陡坎下的冲刷作用形式对于进一步掌握溃坝发生发展机理具有重要的意义。本研究针对多级陡坎中的最简单形式——双陡坎进行研究，探讨其与单陡坎水流特性的差别，了解掌握陡坎冲刷合并方式，进而为溃坝学科相关研究工作提供理论支持和技术参考。

水流流经双陡坎将会产生较大的水流紊动，给计算带来不确定性，实际数值模拟中也充分反映出了这一特性，对于较小漫顶水深工况，二级陡坎上的水流计算很难获得较好的模拟结果，因此，本研究仅采用漫顶水深相对较大、收敛情况良好的几组工况对双陡坎下的水流水力特性进行初步探讨。

3.4.1　双陡坎整体流场结构及流态分析

图 3.25 展示了双陡坎冲射水流整体流场结构，从中可以看出：① 与表面冲刷工况及单陡坎冲射工况相类似，坝体上游侧库水位基本不变，漫顶水深在坝顶存在显著降低现象；② 在各级陡坎冲射水流落点上游侧均形成具有一定水深的坎下回流区，且第一级陡坎冲射水流形成的回流区深度较二级陡坎要大很多，然而第一级陡坎上射流水平距离要小于第二级陡坎，数模成果与试验结果

较为一致;③ 第一级陡坎回流区内存在漩涡水流结构,使得水域中心位置流速稍小,而在第二级陡坎回流区并无明显漩涡结构,且整体流速较小;④ 在冲射主流与落点上游侧水域之间存在较为明显的高速水流与低速水流的剪切层,这一现象在各级陡坎水域中均可发现。⑤ 随着冲射水流位置的降低,势能不断转化为动能,因此第二级陡坎的冲射主流流速整体远大于第一级陡坎冲射水流流速。

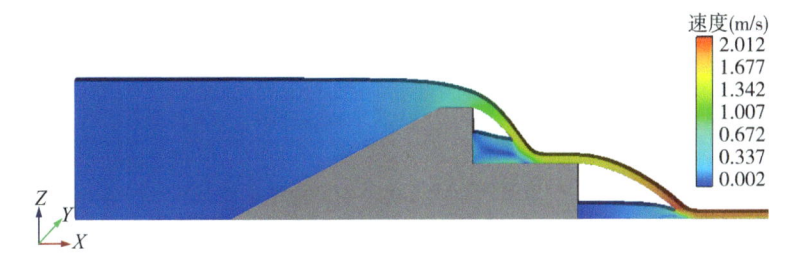

图 3.25　双陡坎冲射水流整体流场结构(S2-10-5 工况)

图 3.26 展示了 S2-10-5 工况双陡坎冲射水流的流线分布情况,由图 3.26 可见:① 在坝顶上游侧水流流线分布同无陡坎、单陡坎工况基本相同,在库区较为均匀,接近坝体时,受坝体的阻挡作用出现流线弯转,并在坝顶处汇集;② 在第一级陡坎回流区内的环状流线结构表明该处存在漩涡水流,而二级陡坎回流区内则并无完整漩涡存在,数模结果显示其流线分布十分紊乱,呈现较强的三维特性。

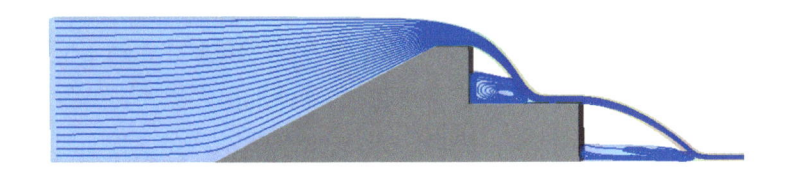

图 3.26　双陡坎冲射水流流线分布(S2-10-5 工况)

3.4.2　双陡坎水面线分布

图 3.27 展示了具有相同陡坎高度的双陡坎模型下,不同漫顶水深工况的水面线分布情况。由图 3.27 可见:① 同一漫顶水深,自坝顶而下的第一级陡坎上的冲射水平距离远小于第二级陡坎水平面上的冲射水平距离;② 不同漫顶水深时,漫顶水深越大,各级跌坎水平面上的冲射水流落点也越远;③ 随着漫顶水深的增大,各级陡坎上的回流区水深也越大,且第二级陡坎的回流区水深小

于相应工况下的第一级陡坎回流区水深；④ 在漫顶水深较小时，第二级陡坎的水流主要随主流流向下游侧，流向上游侧的水较少，因此相应的回流区水深十分小。

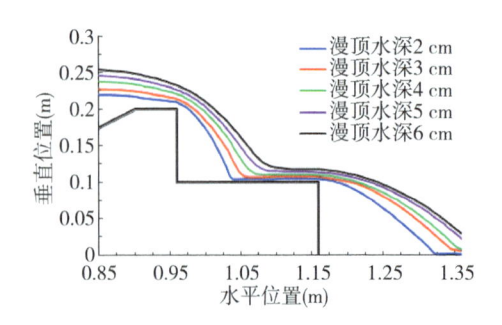

图 3.27 双陡坎不同工况冲射水流水面线分布

3.4.3 双陡坎坝面剪切应力分布

3.4.3.1 双陡坎不同漫顶水深下坝面剪切应力分布规律

图 3.28 展示了双陡坎不同漫顶水深工况下的坝面剪切应力分布，由图 3.28 可知：① 坝顶和第一级陡坎上水流剪切应力分布同单陡坎工况基本一致，剪切应力在坝顶上游坝肩位置受到体型变化影响，存在局部减小的趋势，之后迅速增大，在坝顶下缘存在剪切应力极大值；在第一级陡坎水平面上，剪切应力呈现明显的"双峰"形式，且下游侧剪切应力峰值较上游侧要大很多；在陡坎底部剪切应力值迅速减小，基本为 0；② 对于同一漫顶水深工况，第二级陡坎水平面上剪切应力较第一级陡坎要大，且同样呈现"双峰"分布形式，然而反向水流产生的剪切应力迅速减小，从整体上看，相对于第一级陡坎上剪切应力分布，二级陡坎上的剪切应力分布形式呈现"瘦高"型，在靠近二级陡坎底部的较长区域剪切应力值均较小。

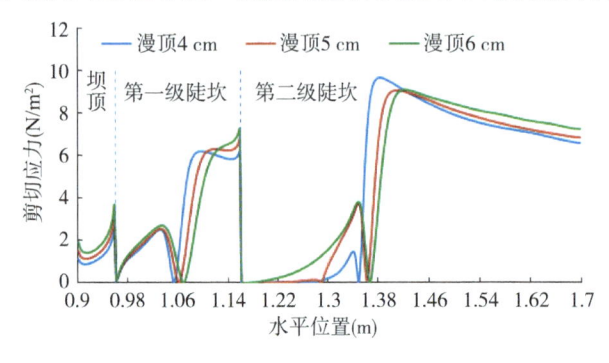

图 3.28 双陡坎不同工况下坝面剪切应力分布

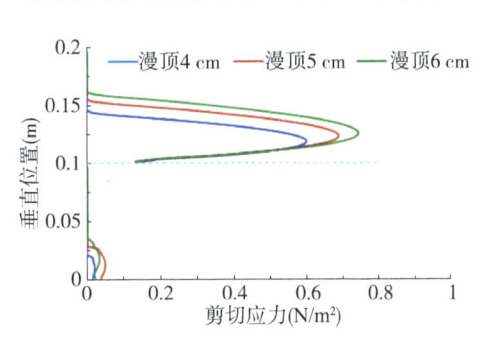

3.4.3.2 双陡坎不同漫顶水深下陡坎垂直壁面剪切应力分布规律

图 3.29 展示了各级陡坎垂直壁面剪切应力分布。从中可以看出：① 第二级陡坎垂直壁面剪切应力很小，且第一级陡坎剪切应力远大于第二级陡坎；② 第一级陡坎垂直壁面剪切应力呈现较好的规律性，即剪切应力呈现"单峰"形式，自陡坎底部垂直向上先增大后减小，且剪切应力峰值随漫顶水深的增大而增大；③ 尽管第二级陡坎垂直壁面剪切应力较小，其分布仍然呈现"单峰"曲线形式；④ 第二级陡坎垂直壁面剪切应力与漫顶水深之间并无较好的正相关关系，数模结果显示漫顶水深 5 cm 工况的壁面剪切应力值较漫顶水深 6 cm 工况要大，究其原因，可能是由于受到"S 挂钩"形式水流形式影响，一定程度上加大了壁面剪切应力。

图 3.29 双陡坎不同漫顶水深下陡坎垂直壁面剪切应力分布

3.4.4 双陡坎坝面压力分布

图 3.30 为双陡坎不同漫顶水深工况下的坝面压力分布情况，从中可以看出：① 二级陡坎的水流落点处同样形成较大的单峰压力分布，这与第一级陡坎压力分布形式基本相同，且二级陡坎的压力峰值较第一级陡坎要大；② 对于不同漫顶水深工况，在坝顶和第一级陡坎上，坝面压力均随漫顶水深的增大而增大，而在第二级陡坎上，各工况压力峰值较为接近，且与漫顶水深之间没有出现较为明显的正相关关系。

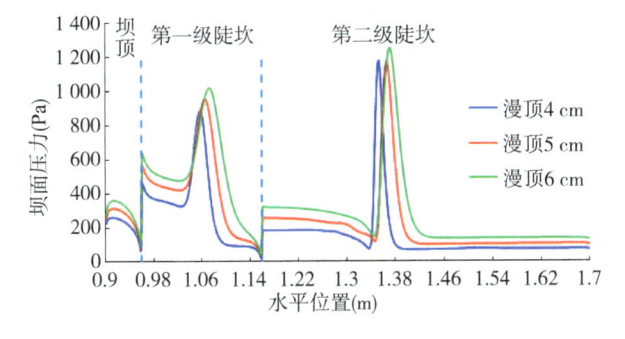

图 3.30 双陡坎不同漫顶水深工况坝面压力分布

3.4.5　双陡坎不同工况下陡坎底壁水平流速分布

各级陡坎水平面上的底壁水平流速分布可以直观反映坎上水流结构,具有重大研究价值,图 3.31 对其进行了展示,从中可知:① 在第一级陡坎上,各工况底壁水平流速分布形式基本一致,且随着漫顶水深的增大,水平流速略有增大;② 在第二级陡坎上,冲射水流在落点两侧同样形成两股反向水流,先迅速增大形成两个流速极值,之后逐渐减小;然而在坎下回流区,各工况底壁水平流速分布形式略有差异,出现了与水流主流方向相同的正向水流,这与 PIV 试验成果较为一致,模型试验结果显示,在二级陡坎底部区域水流有可能出现类似"S 挂钩"形式的水流结构;③ 在落点上游侧,水平流速峰值依然随漫顶水深的增大而增大,而在落点下游侧并非如此,甚至出现了底壁流速峰值随漫顶水深增大而减小的现象。

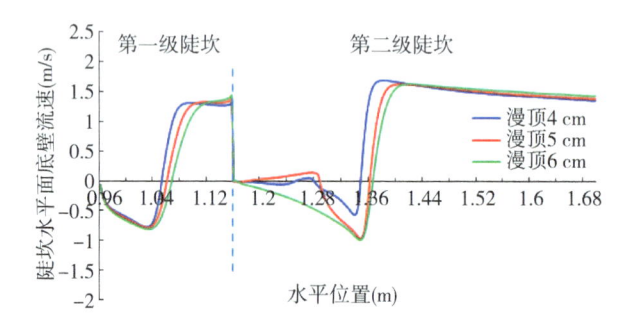

图 3.31　双陡坎不同漫顶水深工况陡坎底壁水平流速分布

3.5　本章小结

本章对漫顶典型水流的水力特性开展了细致的数值模拟研究工作,介绍了表面冲刷水流、单陡坎冲射水流以及双陡坎冲射水流各自的水流结构特征及相应的水动力特性,主要成果汇总如下。

(1) 采用 RNG k-ε 紊流模型,利用有限差分法(FDM)对控制方程组进行离散,使用流体体积函数(VOF)对自由液面进行追踪,建立了土坝漫顶水流三维数学模型;运用物理模型试验结果对数学模型进行验证,表明所建数学模型参数选取合理,能有效对土坝漫顶水流问题进行模拟分析。

(2) 对表面冲刷水流进行了模拟分析,结果显示:① 无陡坎表面冲刷水流结构相对均匀,坝面水深沿程下降;② 坝面平均流速基本沿程增加,而在坝顶下缘存在较小的流速极值;③ 坝面剪切应力和坝面压力分布均在坝体体型变化处出现突变极值;④ 整体来看,坝面水深、坝面平均流速、坝面剪切应力、坝面压力等水力指标值均随漫顶水深的增大而增大。

(3) 对单陡坎冲射水流进行了模拟分析,结果表明:① 坝面剪切应力"呈三段式分布",在坝体体型变化的位置存在突变,同时在冲射水流落点两侧呈现典型的"双峰"结构,且落点下游侧峰值较大;③ 坝面压力同样在坝体体型变化的位置存在突变,同时在冲射水流落点出现"单峰"压力极大值;④ 冲射水流在落点处形成两股方向截然相反的水流,且在陡坎底部流速很小。

(4) 对双陡坎冲射水流的几何特性和水力特性进行了模拟分析,结果显示:① 双陡坎冲射水流在第一级陡坎上水流特性同单陡坎基本一致,第二级陡坎水流冲射距离更远,回流区水深则更小;② 各陡坎上剪切应力分布基本相同,呈现"双峰"分布形式,二级陡坎的剪切应力峰值大于相应一级陡坎剪切应力值;③ 各级陡坎上压力分布基本相同,存在单峰极大值,且第二级陡坎峰值大于第一级陡坎;④ 一级陡坎水平面底壁流速与单陡坎基本一致,然而在二级陡坎回流区水域可能会出现正向水流,这与试验中发现的"S挂钩"形式水流结构相吻合;⑤ 整体来看二级陡坎上的剪切应力、压力和流速等指标值并非随漫顶水深的增大而增大。

第 4 章

基于水力特性的陡坎蚀退机理发展与完善

本书前述章节通过物理模型试验和数值模拟的手段，阐述了溃决水流的水动力特性，分析了水力指标变化规律。鉴于剪切应力是漫顶水流作用于坝面土体的重要主动力，直接导致了坝体的侵蚀破坏，本章在前述研究基础上，对陡坎水流剪切应力进行定量对比分析，结合水流流速、压力分布等成果，从溃决水流水力特性入手剖析黏性土坝陡坎蚀退机理，对溃坝学科基础理论进行丰富和完善。

4.1 水流最大时均剪切应力

由于陡坎上水流结构复杂，剪切应力分布具有较强的时空紊动性，且受坝体形态影响显著，在试验中直接量测其剪切应力分布具有一定的难度。Robinson 等[112]曾开展水槽试验采用热膜测速技术对河道跌坎水流的壁面剪切应力进行了初步研究，探讨了不同尾水深度对水流剪切应力的影响，并在此基础上建立了系列无量纲预测模型。但黏性土坝遭遇洪水漫顶时，漫顶水流对坝体进行冲蚀破坏过程中通常不受尾水影响，整个冲刷过程可认为是下游无尾水跌坎冲刷，这与受尾水影响严重的河渠跌坎水流结构存在较大差异。因此，对溃坝水流剪切应力的分析主要基于大量数值模拟成果。

4.1.1 陡坎水平壁面最大剪切应力估计

陡坎水平面剪切应力分布通常呈现"双峰"形式，其中最大剪切应力综合表征了水流的射流冲蚀能力,通常紧靠水流落点,位于其下游侧。本章以其为冲刷控制指标,对其影响因素进行分析探讨,但在对水平面最大剪切应力进行分析时,暂不考虑由于水平面末端体型变化带来的"叠加效应"。

图4.1展示了相同漫顶水深(3 cm)不同陡坎高度下坝面最大剪切应力变化规律,从图中可以看出,在相同漫顶水深工况下,水平面最大剪切应力随陡坎高度的增大而增大,存在较好的正相关关系。

图4.2展示了在相同陡坎高度(6 cm)不同漫顶水深工况下,坝体陡坎水平面最大时均剪切应力的变化情况,从中可以看出,在其他工况相同的条件下,坝面最大剪切应力随漫顶水深的增大呈增大趋势。

陡坎水平壁面最大剪切应力与多种因素密切相关,如:漫顶水深、陡坎高度、回流区水深、水流冲射角度、水流流量等,坝顶流量和回流区水深均可由漫顶水深和陡坎高度进行表征,存在较好的相关关系。因此,在综合各种影响因素,并考虑量纲和谐的基础上,建立如下形式的最大剪切应力预测公式:

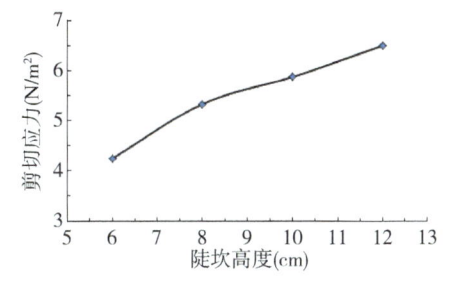

图4.1 相同漫顶水深不同陡坎高度下坝面最大剪切应力变化

图4.2 相同陡坎高度不同漫顶水深下坝面最大剪切应力变化

$$\tau_{\max}=a\rho g Z\left(\frac{H}{Z}\right)^{b} \tag{4.1}$$

式中:ρ为水的密度;g为重力加速度;Z为陡坎高度;H为漫顶水深;a,b均为系数。

采用数模结果进行拟合,可得$a=0.009\ 8$;$b=0.411$,则式(4.1)可表示为

$$\tau_{\max}=0.009\ 8\rho g Z\left(\frac{H}{Z}\right)^{0.411} \tag{4.2}$$

数模结果与公式预测值的对比如图4.3所示,从中可以看出,数据点均分

布在直线 $y=x$ 左右,表明本研究所建模型整体预测效果较好,可有效用于估计陡坎水平壁面最大时均剪切应力。

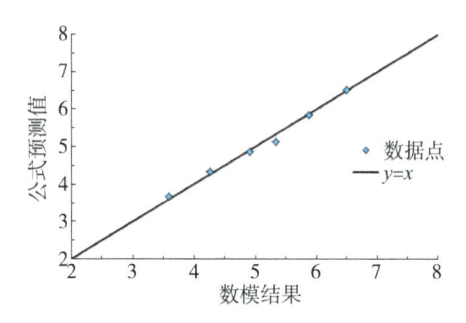

图 4.3　数模结果与公式预测效果对比图

4.1.2　陡坎垂直壁面最大剪切应力估计

陡坎垂直壁面上的剪切应力是陡坎溯源侵蚀的主要动力,其大小与漫顶水深、陡坎高度、水流落点位置等多种因素有关。同样在综合各种影响因素,并考虑量纲和谐的基础上,建立如式(4.1)所示的最大剪切应力预测公式,并用数模结果进行拟合分析,得到如下表达式:

$$\tau_{\max} = 0.001\,34\rho gZ\left(\frac{H}{Z}\right)^{0.721} \tag{4.3}$$

将公式预测结果与实际数模结果进行对比,如图 4.4 所示,可见除个别奇异点外,整体预测结果尚好。

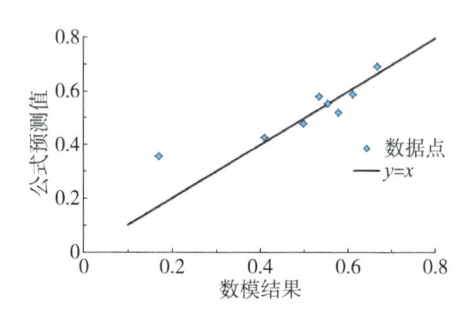

图 4.4　数模结果与公式预测效果对比图

4.2 剪切应力对比分析

4.2.1 水平面最大剪切应力与垂直面最大剪切应力对比

表4.1列出了同一工况下陡坎水平面最大时均剪切应力与垂直面最大时均剪切应力之间的关系。从中可以看出，陡坎水平面上最大剪切应力要比垂直壁面大很多，有的甚至可达几十倍。由此可从本质上对溃坝发展过程中的陡坎合并方式进行推断：陡坎水平面的刷深速度较陡坎溯源上移速度大，陡坎合并主要由各级台阶水平面的刷深所致。

表 4.1 水平面最大剪切应力与垂直面最大剪切应力对比分析

工况	$\tau_{水平}(N/m^2)$	$\tau_{垂直}(N/m^2)$	比值
1-6-2	3.590	0.169	21.243
1-6-3	4.250	0.497	8.551
1-6-4	4.905	0.612	8.015
1-8-3	5.330	0.577	9.237
1-10-3	5.876	0.554	10.607
1-12-3	6.502	0.534	12.176

考虑到陡坎水平面最大剪切应力与垂直面最大剪切应力均可由包含相对漫顶水深(H/Z)的公式来进行估计，因此，联立式(4.2)与式(4.3)可得：

$$\frac{\tau_{水平}}{\tau_{垂直}} = 7.3\left(\frac{H}{Z}\right)^{-0.31} \tag{4.4}$$

此式即陡坎水平面最大剪切应力与垂直面最大剪切应力之间的相关关系，从中可以看出，两者的比值与相对漫顶水深成反比关系。相同工况下，漫顶水深越大，陡坎水平面最大剪切应力与垂直面最大剪切应力较为接近；而陡坎高度的增大将加大两者的比值。

4.2.2 两级陡坎最大时均剪切应力对比

表4.2罗列了两级陡坎下各剪切应力的对比情况，其中 $\tau_{水平}-1$ 为第一级

陡坎水平面最大剪切应力，$\tau_{水平}-2$ 为第二级陡坎水平面最大剪切应力；$\tau_{垂直}-1$ 为第一级陡坎垂直面最大剪切应力，$\tau_{垂直}-2$ 为第二级陡坎垂直面最大剪切应力。从表中可以看出，下一级陡坎水平面最大剪切应力要比上一级大，而垂直壁面剪切应力则呈现出相反的规律，第一级陡坎垂直壁面所受剪切应力能达到二级陡坎剪切应力的几十倍。这种情况与水流冲射水平距离及坎下回流区内水流结构的不同密切相关。由此可明确推断，二级陡坎以及多级陡坎的合并主要是上级陡坎的水平面刷深所致，这将有助于从本质上理解掌握黏性土坝溃决发展机理。

表 4.2　两级陡坎最大时均剪切应力对比

工况	$\tau_{水平}-1$ (N/m^2)	$\tau_{水平}-2$ (N/m^2)	比值	$\tau_{垂直}-1$ (N/m^2)	$\tau_{垂直}-2$ (N/m^2)	比值
2-10-4	6.197	9.653	0.642	0.599	0.020	29.950
2-10-5	6.320	9.058	0.698	0.688	0.049	14.041
2-10-6	6.350	9.090	0.699	0.743	0.034	21.853

4.3　黏性土坝陡坎蚀退机理的发展完善

前述章节针对土坝漫顶典型水流的水动力特性开展了系统的物理模型试验和数值模拟研究工作，获取了漫顶水流复杂流场结构及相关水力特性。在此基础上对水流冲刷主动力进行深入探讨可从本质上发展完善黏性土坝陡坎蚀退机理，进而从更深层次理解和掌握土坝漫顶溃决发展演变过程。

4.3.1　陡坎的形成

黏性土坝遭遇洪水漫顶，将会对坝顶及下游坝坡的相对薄弱位置造成冲刷，进而逐渐发展成为沟壑、跌坎，从而导致坝体溃决。以往的溃坝研究工作通常认为在下游坝趾位置水流流速最大，冲刷能力最强，是陡坎的初始形成位置。然而通过对现场大比尺实体溃坝试验成果进行分析整理可知，尽管下游坝趾位置在整个溃坝发展过程中受到强烈的冲蚀，但坝体的初始陡坎位置却并非总是发生在此处。绝大多数试验工况显示，初始陡坎极易出现在坝体下游坡的中上部，靠近坝顶下缘位置，如 4.5(b) 所示。

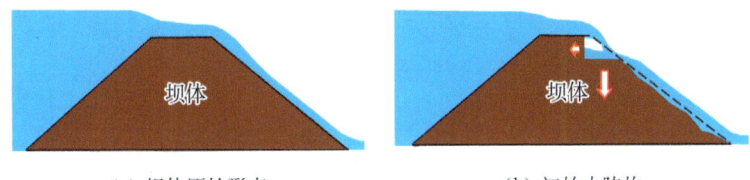

(a) 坝体原始形态 (b) 初始小陡坎

图 4.5　初始陡坎的形成

对漫顶表面冲刷水流开展物理模型试验研究显示，在坝顶下缘，由于受到体型突变的影响，水流流线会发生弯曲，且存在一个较小的初始冲射现象，加大了水流的紊动特性；相应的数值模拟研究结果指出，在坝顶下缘处存在一个剪切应力极大值和由于初始冲射现象引发的负压极值区域，如图 4.6 所示。这些研究成果进一步表明：当黏性土坝遭遇洪水漫顶时，坝顶下缘至水流初始冲射落点之间是第一危险区域，若此区域没有进行有效的防护，则极有可能在水流尚未对坝趾处造成明显冲蚀时已发生破坏，进而在水流持续作用下发展成为初始陡坎。

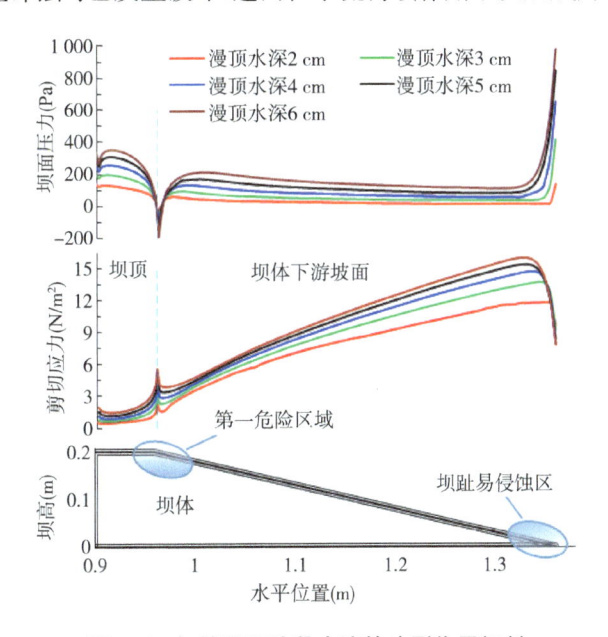

图 4.6　初始漫顶阶段水流的冲刷作用机制

4.3.2　陡坎的发展

国内外溃坝物理模型试验成果进一步指出，在黏性土坝漫顶溃决发展过程中,初始小冲坑会逐渐发展成为较大的单陡坎,之后在其下游坝坡通常会形成双陡坎(多级陡坎)水流结构,如图4.7所示。

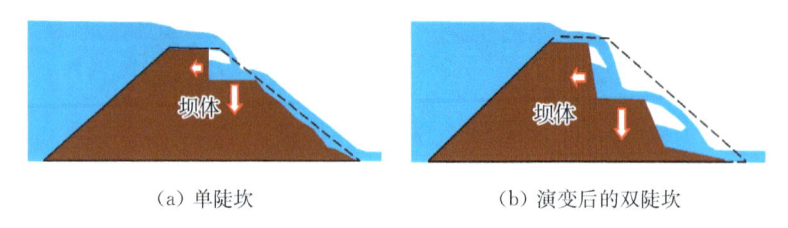

(a) 单陡坎　　　　　　　　(b) 演变后的双陡坎

图4.7　单陡坎向双陡坎的演变发展

研究表明:① 由于势能不断向动能转化,使得单陡坎的坎上水流具有较大的能量,其冲击破坏能力较坝顶水流要强,且水流结构更加紊乱;② 与初始漫顶阶段的坝顶水流类似,在陡坎水平面与下游坝坡的连接处存在水流的"二次射流"现象,且同样会出现剪切应力的极大值以及压力的极小值;③ 若冲射水流落点距离坝坡连接部位较近,则陡坎水平面上剪切应力极值和由坝体体型变化引起的极值可能会"叠加",加剧对坝体的侵蚀。单陡坎体型下溃坝水流的冲刷作用机制如图4.8所示。对以上成果进一步分析可知,在溃坝蚀退发展阶

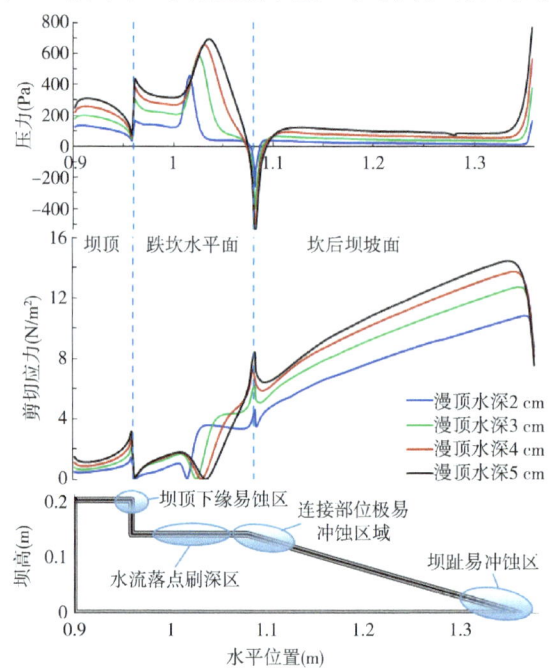

图4.8　单陡坎体型下溃坝水流的冲刷作用机制

段,由于上游跌落水流具有较大的能量及紊动特性,造成陡坎水平面与坝体下游坡面的连接部位极易被冲蚀,从而极有可能进一步发展成为二级或多级陡坎。

4.3.3 陡坎的合并

双陡坎(多级陡坎)在水流的持续冲刷作用下会逐渐合并为一个单一大陡坎,并继续不断向坝体上游溯源发展,其典型形式如图4.9所示。本研究对陡坎冲射水流的水力特性开展了系统的物理模型试验和数值模拟研究,获取了其复杂的流场、涡量场结构,4.1至4.2节曾在数值模拟的基础上对陡坎水平面和垂直面上的剪切应力进行了对比分析。研究成果表明:① 陡坎水平面上最大剪切应力要比垂直壁面大很多,有的甚至可达几十倍;② 下一级陡坎水平面最大剪切应力要比上一级大,而垂直壁面剪切应力则比上一级陡坎要小,呈现出相反的规律,第一级陡坎垂直壁面所受剪切应力相比二级陡坎剪切应力高达几十倍。

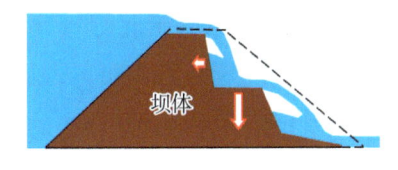

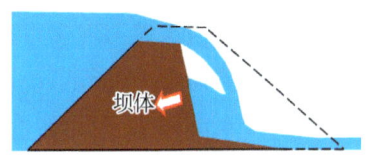

(a) 双陡坎(多陡坎)　　(b) 合并后的大陡坎

图 4.9　陡坎的合并发展

由以上研究成果可知,在均质黏性土坝漫顶溃决发展过程中,陡坎的下切速度远大于其蚀退速度,在不考虑坍塌的情况下,二级陡坎以及多级陡坎的合并主要是由上级陡坎的水平面刷深所致。

由于坎下回流区内水流对陡坎垂直面的冲刷作用主要集中在陡坎底部,坝体在纵向蚀退发展过程中可能会出现坍塌破坏,从而加速坝体的溃决进程,如图4.10所示。本书仅对这一现象的发生机制进行了分析,并未开展深入定量探讨,进一步的研究工作仍有待开展。

上述从水动力学的角度对坝面进行受力分析,获取了黏性土坝漫顶溃决过程中各典型坝体形态之间的发展演变机制。应用相关成果可从本质上对土坝溃决发展机理进行了解和掌握,同时也对本研究提出的典型溃决阶段划分的合理性进行了验证,具有重大的科研价值。但需要指出的是,对于特定的黏土坝,由于受众多因素的综合影响,其具体发展过程可能会出现较大的随机性,仍需要结合实际情况进行具体分析。

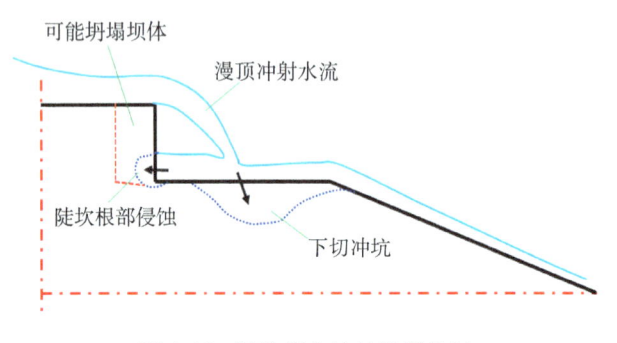

图 4.10　陡坎纵向冲蚀坍塌机制

4.4　本章小结

本章根据溃坝漫顶水流物理模型试验和数值模拟研究成果,对水流冲刷主动力指标——坝面剪切应力进行了统计分析,建立了预测分析模型;并在对比分析坝面不同部位水流流速、压力特性、剪切应力分布特征等水动力特性基础上,对黏性土坝陡坎蚀退机理进行了深入阐述,主要成果汇总如下。

(1) 分析了坎下回流区壁面剪切应力与漫顶水深及坎高等因素之间的关系,在考虑量纲和谐的基础上构建了陡坎水平面和垂直面最大时均剪切应力计算模型,各模型整体预测结果较好。

(2) 从水动力学的角度进行坝面受力分析,阐明了漫顶水流对坝体的冲刷作用机制,进而从本质上揭示了陡坎的形成与合并机理:① 黏性土坝遭遇洪水漫顶时,坝顶下缘至水流初始冲射落点之间是第一危险区域,极有可能形成初始陡坎;② 土坝陡坎合并过程主要以上一级台阶的刷深为主;在不考虑坍塌的前提下,陡坎下切速度远大于蚀退速度。

第 5 章

坝体材料综合抗冲蚀特性研究

土坝漫顶溃决过程实质上是水流冲刷主动力与坝体材料被动抗力之间相互作用的过程。坝体材料的抗冲蚀特性决定了坝体在特定洪水下是否会发生溃决，以及溃决发展形式及过程，在溃坝的整个发生发展过程中均起到了至关重要的作用。针对我国典型坝体材料的综合抗冲蚀特性进行详细的研究探讨，可有效促进溃坝学科的进一步发展。

5.1 我国典型土料填筑控制指标

我国疆域辽阔，影响土壤形成的自然条件（如地形、气候、母质、生物等）差异甚大，加上农耕历史悠久，人类活动对于土壤形成的影响十分深刻，因此我国土壤种类繁多，其性质和生产特性也各不相同。尽管专门的土壤学科对各类土有着细致的分类，然而在实际工程应用中，人们常常把土壤分为沙土、壤土以及黏土三大类。

土石坝由于可以就地取材，节省大量水泥、钢材和木材，同时具有较强的适应地基变形的能力，在全国范围内大量修建，截至 2011 年底，我国共修建水库大坝 98 002 座，其中土石坝占坝体总量的 90% 以上。由于具有就地取材的特点，我国各地土坝的建设用料不尽相同。然而根据现行国家规范，筑坝材料的选择均应遵循以下原则：① 具有或经加工处理后具有与其使用目的相适应的工程性质,并具有长期稳定性;② 就地、就近取材,减少弃料,少占或不占农田,并优先考虑枢纽建筑物开挖料的利用;③ 便于开采、运输和压实。因此,探明土料性质,经过专业的勘察评估,便可作为相应筑坝区的建设用料。

《水利水电工程天然建筑材料勘察规程》(SL 251—2000)[139]和《碾压式土石坝设计规范》(SL 274—2001)[140]中规定,我国均质坝土料的黏粒含量应控制在10%~30%,塑性指数控制在7~17为宜,其中黏粒是指颗粒粒径小于0.005 mm的土粒。在黏性土坝的填筑过程中,需要按照相应的坝体级别,采用压实度和最优含水率作为设计控制指标。1级、2级坝和高坝的压实度应控制在98%~100%;3级中低坝及3级以下中坝的压实度应控制在96%~98%。坝体的含水率则应控制在最优含水率的-2%~+3%范围内。

5.2 物理模型设计及土料选取

5.2.1 黏性筑坝土料抗冲蚀特性试验装置

均质黏性土坝的漫顶溃决可从宏观上分为初始漫顶阶段和溃口发展阶段,在冲蚀各阶段水流特性不尽相同,其对坝体材料的冲刷作用也有着较大的区别。归纳起来,在初始漫顶阶段,漫顶水流对坝体的冲蚀以表面冲刷为主要特征;而在溃口发展阶段则以陡坎多角度冲刷射流为主要特征。表面冲刷作用下,水流流向与坝面平行,水流直接带走坝体土料造成冲蚀,而陡坎射流冲刷则表现为漫顶水深以不同的角度和速度对坝体进行射流冲蚀。

为了对复杂工况下坝体材料的综合抗冲蚀特性进行全面细致研究,本研究在综合借鉴国内外相关测试装置的基础上[116,120,141,142],开发研制了一套可用于多角度、大切应力水流条件的试验装置,如图5.1和图5.2所示,其中图5.1为试验装置全方位三维效果图,图5.2为试验装置现场照片。

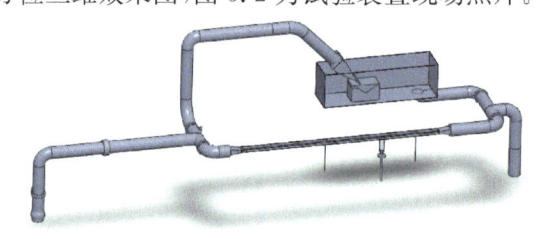

图5.1　黏性筑坝土料抗冲蚀特性试验装置三维效果图

第5章 坝体材料综合抗冲蚀特性研究

图 5.2 试验装置现场图

如图 5.2 中所示,该套试验装置由两个相对独立的部分组成:黏土起动-表面冲刷量测系统和变角度射流冲刷模拟系统。黏土起动-表面冲刷量测系统是在以往众多起动水槽试验经验的基础上改进而成,整个系统由水库、供水装置（水泵）、输水管道、电动阀门、试验水槽、超声波流量计、顶土装置、高清摄像机及回水设施等部分构成;试验段采用封闭有压的矩形有机玻璃水槽,断面尺寸为 4 cm×14 cm,长 3.5 m,在距进口 2.5 m,下游出口 1.0 m 的位置放置带有升降顶土装置的试样筒,试样筒的内径 10 cm,顶土装置采用电动机、变频器及减速装置来控制其升降速度;在土样的上下游两侧均布置测压管,上游测压管位置距土样中心 1.0 m,下游测压管位置距土样中心 0.6 m;试验流量可由高精度超声波流量计直接读出,并由进口段的电动阀门进行控制;试验全程采用高清摄像机进行实时记录以便于后期数据挖掘处理。模型试验段的有效尺寸如图 5.3 所示。

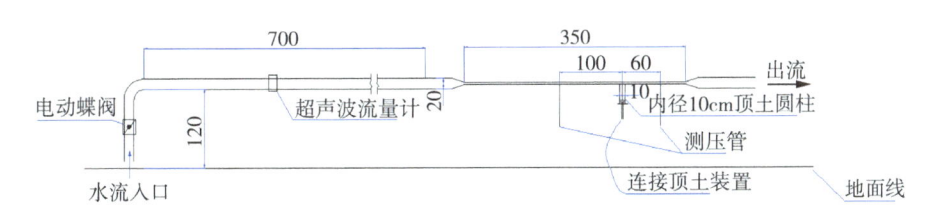

图 5.3 黏土起动-表面冲刷量测系统（单位:cm）

变角度射流冲刷模拟系统则由水库、供水装置（水泵）、输水管道、电动阀门、超声波流量计、喷嘴、土样模具、高清摄像机及回水设施等部分构成。该模型重点考虑了由于喷嘴处的急剧收缩导致的管道承压问题,整体采用钢材制作。试验流量同样由高精度超声波流量计读出,并由电动阀门控制;喷嘴由特制钢材打磨,总长度 0.6 m,包括圆变方过渡段 0.2 m 和水流渐变调整段 0.4 m,喷嘴出水口截面尺寸为 30 cm×80 cm;土样模具放置在喷嘴下方的适当位置,为矩形盛土盒,试验观察的前后两侧为透明有机玻璃制作,其余为加厚灰塑板制成,具体尺寸为长 45 cm×宽 25 cm×高 25 cm;整个冲蚀试验过程采用高清摄像机进行实时记录。模型各部位具体尺寸如图 5.4 所示。

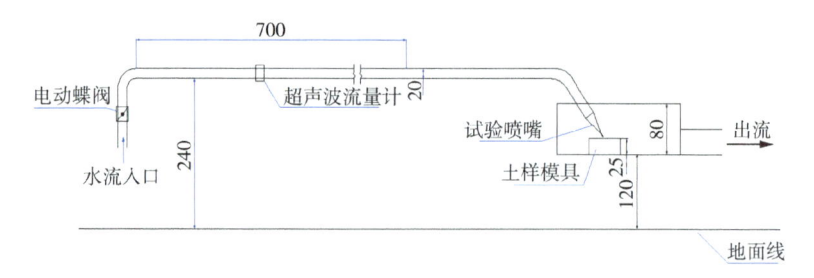

图 5.4　变角度射流冲刷模拟系统(单位:cm)

5.2.2　试验土料的获取

为了真实反映黏性土坝典型筑坝材料的抗冲蚀特性,本研究选取的三种土料均取自安徽省滁州市大洼水库的筑坝料场及周边山区。在试验制样前对所有土样进行了初步的筛分处理,以避免较大粒径颗粒及杂质对试验结果的影响。

按照土工试验方法标准,分别采用筛析法和密度计法开展颗粒分析试验(粒径在 0.075 mm 以上的采用筛析法,粒径在 0.075 mm 以下的采用密度计法),获取了 3 种土料的级配曲线及黏粒含量、平均粒径等指标;通过开展击实试验,获取了各土料的最大干密度及最优含水率指标;黏聚力等强度指标则由直剪快剪试验获得。3 种土料的颗粒级配曲线如图 5.5 所示,表 5.1 给出了各土料的主要特征指标。

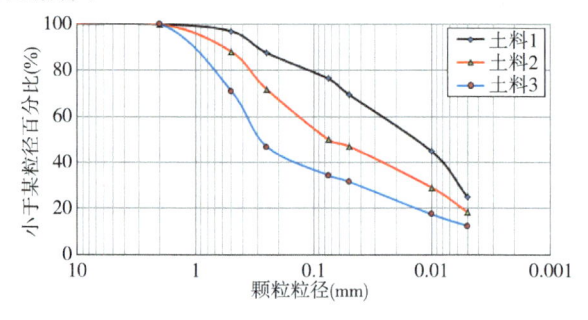

图 5.5　试验土料颗粒级配曲线

表 5.1　试验土料主要特征指标

土料种类	黏粒含量(<0.005 mm) %	平均粒径 d_{50} mm	最大干密度 ρ_{dmax} g/cm³	最优含水率 w_{op} %	黏聚力 C_q kPa
土料 1—粉砂质黏壤土	25	0.011	1.68	20.6	43
土料 2—黏壤土	18.4	0.074	1.79	16.3	33
土料 3—砂质壤土	12.4	0.280	1.85	15.1	33

5.3　筑坝黏土的起动特性

5.3.1　黏性土的起动

5.3.1.1　起动现象及判别标准

黏性土的起动现象极其复杂，受到土的组成成分、含水量、液塑限等多种因素影响，不同土样的起动情况差异甚大。试验现象表明：筑坝黏土的起动与河流泥沙的跃移现象相类似，然而其起动并非以单个颗粒为单位，通常以薄片状或团块状起动，且存在较大的时空间歇性和局部特性。

诸多专家学者[143-146]曾对黏性土起动判别标准进行探索和尝试，然而仍难以给出明确的界定。洪大林[147]在对河道原状土开展起动试验研究时曾采用目测的方法，取得了良好的效果。他的整体思想同窦国仁的"起动概率标准"类似，将黏性土起动划分为三种形式：个别黏性微团起动、少量微团起动以及普遍微团起动，同时分别赋予一定的含义。

(1) 个别微团起动：土样表面的个别微团处于运动状态，并且具有间隙性，起动不连续。

(2) 少量微团起动：土样表面出现凹凸不平，在平整的床面或凸起的部位以微团形式运动，大都不连续，而在凹坑内则出现少量雾状物。

(3) 普遍微团起动：土样表面出现较多大小不等的凹陷，平整表面微团较少，凹陷处微团较多，微团基本呈连续运动，在冲刷坑内出现大量雾状物，土样崩溃明显。

因此，借鉴以往研究成功经验，试验中同样采用目测的方法，以少量微团起动作为坝体材料起动的判别标准。该方法可综合考虑土样表面的全部情况，虽然存在一定的人为视觉误差,但只要不同试验工况标准统一,试验过程中细心观察,则对试验结果造成的偏差有限,不影响试验结果的总体准确性。

5.3.1.2 坝面土体起动模式的建立

人工填筑的黏性土坝,其密实程度往往较高,土料黏性较强。试验结果表明,在受到水流的冲刷作用时,土样表面土体并不会以单颗粒的形式起动,而是多以薄片状或团块状起动,具有间歇起动的特点。因此,对于筑坝土体的起动分析,应以土体微团为单位来开展。鉴于在溃坝发生发展过程中,坝体的初始冲刷部位通常在下游坝坡,本研究以坡面土体微团的起动为例,分析其起动模式,临界起动状态的土体微团主要受力状况如图5.6所示。

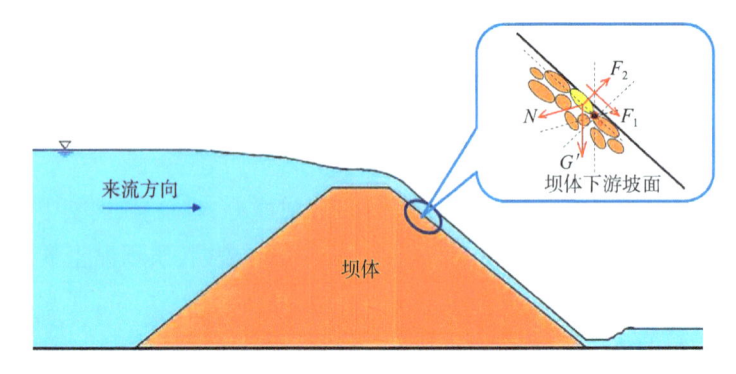

图 5.6 试验土料颗粒级配曲线

其中:G'为黏性土体微团在水下的浮重力;F_1为水流产生的表面拖曳力;F_2为微团上下压差引起的水流上举力;N为微团与坝体之间的黏结力综合作用。

如图5.6中所示,微团所受作用力主要有以下几种。

(1) 水流的表面拖曳力

漫顶水流流过黏性土坝,对沿程土体有一个表面牵引力,起动的土体在该力的作用下随水流而下,形成初始冲坑,水流拖曳力的表达式如下:

$$F_1 = \alpha_1 A \frac{\rho U_d^2}{2} \tag{5.1}$$

式中:α_1为拖曳力系数;A为水流对土体的作用面积;ρ为水的密度;U_d为水流作用于土体表面的作用流速。

(2) 水流上举力

黏土微团在起动时,通常会存在一个松动的过程,而上举力则是引起土体松动的主要因素。当水流流过土坝坝坡时,表面流速将会造成黏土微团上下存

在一个压力差,从而产生水流上举力,上举力的表达形式同表面拖曳力类似,如下所示:

$$F_2 = \alpha_2 A \frac{\rho U_d^2}{2} \tag{5.2}$$

式中:α_2 为上举力系数;A 为水流对土体的作用面积;ρ 为水的密度;U_d 为水流作用于土体表面的作用流速。

(3) 微团的水下浮重力

当水流漫顶时,土体浸没在水中,微团的自重需考虑水体因素,假设起动薄片微团的当量直径(具有相同重量球体颗粒的直径)为 D',则其水下浮重力可表示为

$$G' = \alpha_3 \frac{\pi}{6}(\gamma_s - \gamma) D'^3 \tag{5.3}$$

式中:G' 为微团浮重力;α_3 为形状系数;γ_s 为土的容重;γ 为水的容重;D' 为土体微团的当量直径。

(4) 黏土微团所受的黏结力

黏土微团与土体之间的黏结力不同于单颗粒黏土之间的黏结力,目前还没有很好的获取方法,也缺乏比较统一的表达形式,洪大林[147]在其博士论文中提出用土的抗剪强度来综合反映土体之间的黏结力,张强[148]则在参考苏联学者对石英丝研究的基础上,提出用土体干密度来表征土样之间的黏结力。需要指出的是,黏性土体在水流作用下的起动现象只是表层土体被缓慢剥蚀的过程,与土体的整体剪切破坏存在质的差异。而对于同样的土料来讲,干密度的大小确实可有效反映土体的密实程度,但是对于不同土料,在判别上则存在较大的误差。

综合以上考虑可知,黏性微团所受黏结力的大小受到多种因素的影响,其中土的密实程度是最主要的因素之一。为了综合反映各类土的密实程度,本研究引入压实度指标,将黏土微团所受黏结力表示为压实度的相关函数,如下所示:

$$N = \alpha_4 D_{oc}^n \tag{5.4}$$

式中:N 为黏土微团所受的黏结力;α_4 为黏结力系数;D_{oc} 为土体压实度。

在试验中观察到，当水流流速达到一定程度之后，土样表面土体开始逐渐松动，在某一瞬间以微团的形式突然被水流剥离带走，起动时常伴有翻转腾空现象，由此可推断：临界状态时土体微团在水流上举力和水平拖曳力的综合作用下，克服了重力和土体间黏结力，并以其下游侧土体某处为支点翻腾而起。此时，土体微团应服从力矩平衡原理，即满足

$$F_1 d_1 + F_2 d_2 - G' d_3 - N d_4 = 0 \tag{5.5}$$

式中：d_1、d_2、d_3、d_4 分别为各作用力与支点 O 之间的距离。

将式(5.1)、式(5.2)、式(5.3)、式(5.4)代入到式(5.5)中，则上式转化为

$$\alpha_1 A \frac{\rho U_d^2}{2} d_1 + \alpha_2 A \frac{\rho U_d^2}{2} d_2 - \alpha_3 \frac{\pi}{6}(\gamma_s - \gamma) D'^3 d_3 - \alpha_4 D_{oc}^n d_4 = 0 \tag{5.6}$$

对于人工填筑的黏土坝，由于通常具有较高的压实度，使得土体颗粒之间的黏结力要比微团的重力大很多，相比而言，式中的重力项可忽略不计，因此上式又可转化为

$$\alpha_1 A \frac{\rho U_d^2}{2} d_1 + \alpha_2 A \frac{\rho U_d^2}{2} d_2 - \alpha_4 D_{oc}^n d_4 = 0 \tag{5.7}$$

整理可得：

$$\rho U_d^2 = \frac{2\alpha_4 d_4}{A(\alpha_1 d_1 + \alpha_2 d_2)} D_{oc}^n \tag{5.8}$$

河道的流速分布有多种形式，如对数型、指数型、抛物线型等，其中对数型流速分布应用最多，理论依据也较为充分[149]，因此本研究选用该类公式对式(5.8)进行转化，黏土坝面可认为是粗糙面，因此可采用如下对数型流速分布公式：

$$\frac{U_y}{U_*} = 5.75 \lg \frac{y}{K_s} + 8.5 \tag{5.9}$$

式中：U_y 为距离底面 y 处的流速；K_s 为壁面粗糙高度；U_* 为摩阻流速。

假定水流的作用流速 U_d 为 $y = \alpha K_s$ 高度处的流速，则

$$U_d = (5.75 \lg \alpha + 8.5) U_* \tag{5.10}$$

又有：

$$\tau_c = \rho U_*^2 \tag{5.11}$$

则式(5.8)可转化为

$$\tau_c = \frac{2\alpha_4 d_4}{(5.75\lg\alpha + 8.5)^2 \cdot A(\alpha_1 d_1 + \alpha_2 d_2)} D_{oc}^n \tag{5.12}$$

在上式中，α_1、α_2、α_4以及d_1、d_2、d_4均是与微团大小有关的系数，α则是与土体粗糙程度有关的经验参数，对于不同的黏性土坝，其起动过程中存在较大的随机性和不确定性，很难从理论上确定这些系数的大小，因此，将以上各个未知系数概化成与土料黏粒含量、颗粒级配等自身性质有关的统一参数，即令 $\dfrac{2\alpha_4 d_4}{(5.75\lg\alpha + 8.5)^2 \cdot A(\alpha_1 d_1 + \alpha_2 d_2)} = \xi$，则式(5.12)可转化为临界(起动)剪切应力与坝体压实度的关系式：

$$\tau_c = \xi D_{oc}^n \tag{5.13}$$

式(5.13)为黏性土体起动的一般模式，从中可以看出：黏性坝体的起动与土料的压实度之间存在极其密切的相关关系。本研究以此为基础开展试验研究，深入探讨黏性土料起动剪切应力与压实度等关键指标之间的内在联系。

5.3.2 试验流程与方法

5.3.2.1 试验流程

开展筑坝黏土起动试验的具操作流程如下。

(1) 试样的制备。将试验土料进行风干处理，测定其现有含水率，之后按照土样制备标准，根据试样所要求的干密度和最优含水率制备湿土样，并采用三层压样法或击样法进行目标压实度的试样制备。为了使水分与黏土充分融合，配置好的湿土样需要静置一段时间，在压实时方进行取样以备土样含水率的测定。在压实后进行环刀取样，校核压实度，并以该压实度作为土样最终压实度。为了使制备好的土样不受扰动，且保证水分不流失，将其用滤纸包裹放置在饱和器中，并在其上部贴上标签待用，如图5.7所示。

图 5.7 待用试样的保存

（2）起动试验。在进行起动试验时，需小心将土样放置在顶土装置中，缓慢升至与试验管道底部接近齐平的位置；开启水泵，保持较小流量并调节阀门使整个有机玻璃试验管道形成满管流，并保证测压管管路畅通，无气泡存在；将土样推送至与管道底部齐平，慢慢加大流量，观察土样的起动情况。当土样达到预定起动标准时，记录超声波流量计和测压管的读数；通过相应的计算即可获得起动剪切应力和起动摩阻流速。

5.3.2.2 起动剪切应力的获取

在获取土样起动剪切应力等抗冲蚀指标时，首先需要对有压量测系统测试结果在无压开敞流动中的适用性进行说明。为了比较有压封闭矩形试验管道的结果与无压开敞工况下的差别，洪大林[116]于2005年开展了相应的对比试验研究，他在矩形明渠水槽的底坡上开展试验，测得了明渠水槽起动摩阻流速，并将其与矩形有压水槽的试验结果一起点绘在坐标图上，如图5.8所示。可见两试验的结果较为一致，矩形试验管道中的压力变化对黏性土料起动的影响基本可以忽略，由此可以认为，矩形有压管道的试验结果可有效代表土样在实际工程中的起动情况。

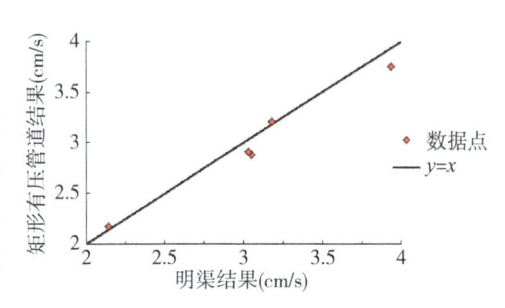

图 5.8 两种试验工况起动摩阻流速对比

获取矩形管道中底壁剪切应力的方法有三种：① 利用公式计算获得；② 通过查莫迪图获取摩阻系数，进行计算获得；③ 通过试验获得。下面对这三种方法进行简要的介绍。

第5章 坝体材料综合抗冲蚀特性研究

(1) 利用公式计算获得

黏土起动-表面冲刷量测系统的试验段由透明有机玻璃制成,可以看作是光滑壁面,根据光滑矩形管道中的对数流速分布公式可计算出水流的摩阻流速,进而求得剪切应力。光滑矩形管道的流速分布公式可表示为

$$\frac{U_y}{U_*} = 5.75 \lg \frac{yU_*}{v} + 5.5 \tag{5.14}$$

若已知断面中垂线上两点 y_1、y_2 的流速 U_1、U_2,分别代入式(5.14),则可求得相应的摩阻流速 U_*。

$$\lg U_* = \frac{U_2 a - U_1 b}{U_1 - U_2} \tag{5.15}$$

式中：$a = \lg \frac{9.05 y_1}{v}$；$b = \lg \frac{9.05 y_2}{v}$

(2) 通过试算或查莫迪图获取摩阻系数,之后通过计算获得

根据普朗特-卡门的相关研究成果,在试验段内的管道平均流速与壁面剪切应力满足普朗特-卡门方管紊流的通用摩阻律公式：

$$\frac{1}{\sqrt{\lambda}} = 2 \lg \left(\frac{UR\sqrt{\lambda}}{v} \right) - 0.8 \tag{5.16}$$

式中：λ 为摩阻系数；v 为水的运动黏滞系数；U 为方管的平均流速；R 为水力半径。

因此,在获得摩阻系数的情况下,可利用 $\lambda = 8\tau/\rho U^2$ 计算得出水流的壁面剪切应力,而摩阻系数可以由式(5.16)试算获得,亦可通过查询莫迪图获取。

(3) 通过试验获得

$$\tau = \frac{p_1 - p_2}{L} R = \gamma \frac{\Delta Z}{L} R = \gamma RJ = \rho U_*^2 \tag{5.17}$$

式中：J 为水力坡降,$J = \Delta Z/L$；ΔZ 为上下游水头差；L 为测压管间距；R 为水力半径；γ 为水的容重。

在试验装置土样的上下游布设了测压管,在试验过程中记录相应测压管读数,获取土样起动时的上下游水头差,则可方便通过式(5.17)获取起动剪切应力和起动摩阻流速。

本研究由于无法直接获取试验管道中两点的流速,因此无法采用公式直接

计算，而采用方法 2 和方法 3 对起动剪切应力和起动摩阻流速进行测量分析，两种方法的结果相互校验，以保证最终结果的准确性。

5.3.3 试验成果处理分析

将制备的 21 组试样按照拟定的标准试验步骤进行起动试验，结果如表 5.2 所示。

表 5.2　筑坝土料起动试验结果

土样	压实度(%)	干密度(g/cm³)	黏粒含量(%)	剪切应力——方法 2(N/m²)	剪切应力——方法 3(N/m²)
土料 1	90.000	1.512	25.000	2.068	2.217
	95.000	1.596	25.000	27.284	28.886
	98.000	1.646	25.000	50.411	53.978
	99.388	1.670	25.000	73.722	76.988
	93.325	1.568	25.000	5.492	5.863
	86.152	1.447	25.000	0.756	0.787
	96.361	1.619	25.000	28.779	30.325
	100.000	1.680	25.000	79.502	83.161
土料 2	90.000	1.611	18.400	1.937	1.683
	95.000	1.701	18.400	7.422	7.359
	98.000	1.754	18.400	17.699	20.538
	94.874	1.698	18.400	6.188	6.379
	95.031	1.701	18.400	6.780	8.009
	93.505	1.674	18.400	4.055	4.181
土料 3	90.000	1.665	12.400	1.106	0.930
	95.000	1.758	12.400	3.218	3.369
	98.000	1.813	12.400	7.085	7.506
	90.816	1.680	12.400	1.042	1.108
	93.783	1.735	12.400	2.575	2.718
	100.000	1.850	12.400	11.655	11.610

5.3.3.1 两种方法所得剪切应力对比

将通过方法 2 获取的起动剪切应力与通过方法 3 获取的起动剪切应力数值进行对比分析如图 5.9 所示，由图可知，两种方法所得结果基本一致，相比之下方法 2 得到的结果略微偏小，该结论与 J. L. Briaud[120]所得结果较为一致。鉴于方法 2 在查莫迪图过程中可能存在较大的人为误差，本研究采取方法 3 所得结果进行分析。

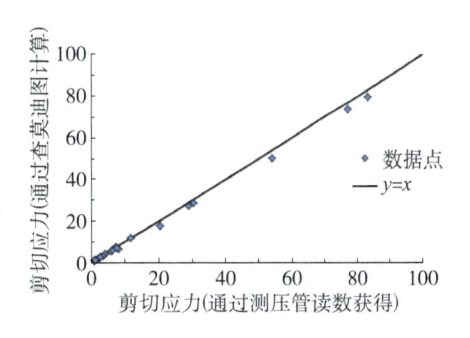

图 5.9 两种方法所得到的剪切应力对比图

5.3.3.2 起动剪切应力预测模型的建立

（1）起动剪切应力与黏粒含量的关系

试验中选用的 3 种土料的黏粒含量分别为 25.0%、18.4%、12.4%，分别绘制各压实度下起动剪切应力与黏粒含量的关系曲线如图 5.10 所示。从中可以看出，对于相同压实度的筑坝土料，起动剪切应力随着黏粒含量的增加而增大；而对于不同压实度的筑坝黏土料，压实度越大，起动剪切应力随黏粒含量的变化幅度越大。

（2）起动剪切应力与中值粒径（平均粒径）d_{50} 的关系

起动剪切应力与平均粒径的关系如图 5.11 所示。结果显示：对于所采用的筑坝土料，在相同压实度下，起动剪切应力随土料平均粒径的增大而减小，两者成反比关系；而对于不同压实度的土料而言，压实度越大，起动剪切应力随平均粒径的变化幅度也越大。

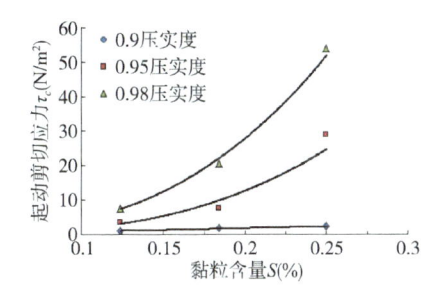

图 5.10 起动剪切应力与黏粒含量的关系

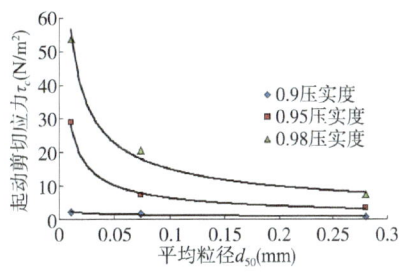

图 5.11 起动剪切应力与中值粒径（平均粒径）d_{50} 的关系

（3）起动剪切应力与土样密实程度的关系

筑坝土料密实程度可由压实度来集中表示，对于特定的某一种土料，其密实程度则可由其干密度来替代，这也是工程上常用干密度来作为衡量压实程度指标的原因。图 5.12 展示了 3 种土料起动剪切应力与压实度、土料干密度的关系，从中可以看出虽然起动剪切应力有随压实度和干密度的增大而增大的趋势，但其关系点图相对散乱，尤其是与干密度之间并没有明显的相关关系。图 5.13 展示了 3 种土料起动剪切应力与压实度、干密度的关系，从中可以看出，对于每种单独土料，起动剪切应力与压实度、干密度均呈现较好的相关关系，起动剪切应力随压实度和干密度的增大而迅速增大，呈幂指数关系。

(a) 起动剪切应力与压实度的关系　　(b) 起动剪切应力与干密度的关系

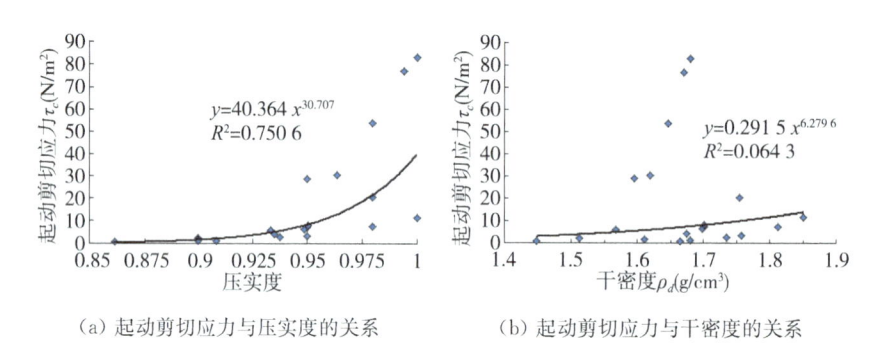

图 5.12　剪切应力与土料压实度/干密度的关系

(a) 各土料起动剪切应力与压实度的关系　　(b) 各土料起动剪切应力与干密度的关系

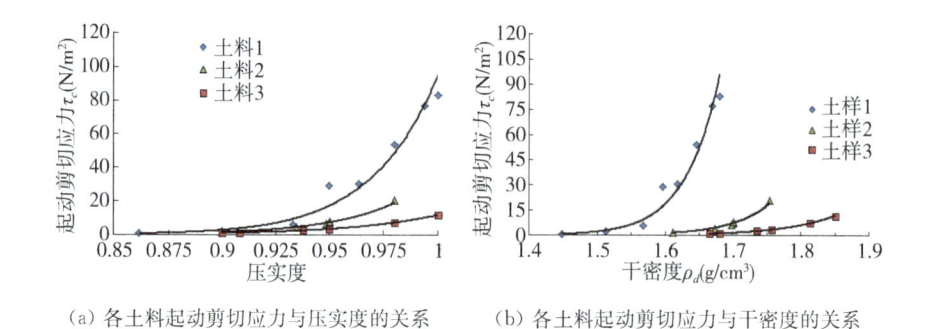

图 5.13　各土料剪切应力与土料压实度/干密度的关系

通过对图 5.12 和图 5.13 进行综合分析可知，筑坝土体的起动剪切应力与其密实程度紧密相关。压实度作为表征土体密实程度的直接指标，可较好地反映不同土料的起动特性，这与式（5.13）所建黏性土体起动模式相一致，表明本研究对于黏性土体起动模式的分析定性合理，定量正确；而干密度则只能够对单一土料进行准确预测分析,对于不同土料则预测效果不佳。

综上所述,土的密实程度、黏粒含量均是影响坝体材料起动的主要因素指标,利用试验所得数据,在考虑量纲和谐的基础上,引入能有效代表黏性土体强度的指标——黏土内聚力,对黏性土的起动剪切应力进行公式拟合,可提出如下计算起动剪切应力的表达式:

$$\tau_c = kCS^a D_{oc}^b \tag{5.18}$$

将公式两端进行线性化处理,并通过采用多元回归分析的方法对试验数据点进行拟合,得到如下关系式:

$$\tau_c = 0.00477CS^{1.86} D_{oc}^{30.399} \tag{5.19}$$

式(5.19)的拟合优度 R^2 为 0.967,将其预测值与试验所得数据进行比较如图 5.14 所示,可见公式预测值与试验值均分布在 45°线左右,预测效果良好。

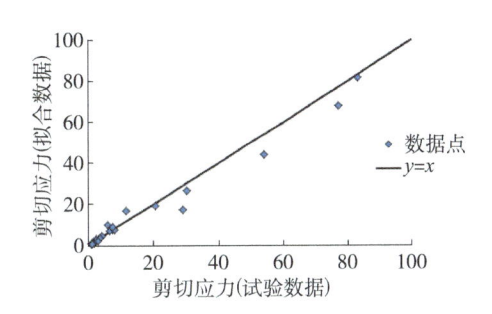

图 5.14　起动剪切应力计算公式预测效果分析

5.4　坝体在表面水流作用下的冲蚀特性

5.4.1　试验方法简介

考虑到土样起动只是表面少量微团的运动,且为了保证表面冲刷试验与土样起动试验的一致性和连续性,充分利用所制土样,冲刷试验在起动试验的基础上进行开展。调整水流至所需的流量,待水流平稳之后,开始进行冲蚀速率的记录。实际操作时随着土样的不断冲刷,需通过升土装置实时调整土样高度,保证土样表面与有机玻璃水槽的底部相齐平,此外须尽量避免人为因素对试验结果产生过大干扰；试验中记录管道流量、土样的冲刷高度、冲蚀时间以及上下游测压管读数。根据记录的试验数据便可计算该工况下土样的冲蚀速率及相应的壁面剪切应力。

定义土的冲蚀速率为单位时间内，水流冲刷土体的高度，则试验土样的冲蚀速率可由式(5.20)计算，水流产生的壁面剪切应力则通过式(5.17)计算。

$$E=\frac{\Delta h}{\Delta t} \quad (5.20)$$

式中：E 为冲蚀速率，mm/s；Δh 为冲刷高度，mm；Δt 为相应冲刷时间，s。

5.4.2 试验成果处理分析

5.4.2.1 冲蚀速率与各物理力学指标之间的关系

1) 冲蚀速率与水流剪切应力的关系

(1) 不同工况下冲蚀速率与水流剪切应力的关系

图 5.15(a)展示了 0.95 压实度条件下三种不同土料冲蚀速率与水流剪切应力之间的相关关系，从中可以看出：① 在相同压实度下，各土料冲蚀速率均随水流剪切应力的增大而逐渐增大，而不同土料增大的幅度却存在较大差异；② 同一压实度下的三种土料存在明显的抗冲性能差异，按照抗冲蚀能力从大到小分别为：土料 1、土料 2 和土料 3，这一结果从侧面反映出黏粒含量对于土体抗冲蚀性能起着十分重要的作用。图 5.15(b)则展示了土料 3 在不同压实度下冲蚀速率与水流剪切应力之间的关系，从中可以看出：① 同种土料在不同压实度工况下，其抗冲蚀特性差异甚大；压实度越大，其抗冲蚀能力越强；② 不

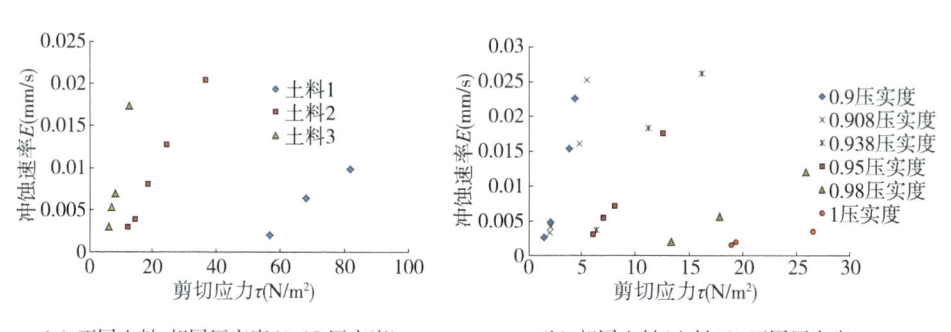

(a) 不同土料-相同压实度(0.95 压实度)　　(b) 相同土料(土料 3)-不同压实度

图 5.15　冲蚀速率与水流剪切应力的关系

同压实度下,冲蚀速率随水流剪切应力变化的幅度差异较大,在压实度较小时,其冲蚀速率随水流剪切应力的增大而急剧增大,较小的水流剪切应力变化可能导致冲蚀速率的巨大改变;在压实度较大时,其冲蚀速率随剪切应力的增长幅度则相对较小。

(2) 冲蚀速率与水流剪切应力"六分图"绘制

2008年,卡特里娜飓风袭击了美国路易斯安那州新奥尔良,造成了巨大的人员伤亡和经济损失,事后调研统计显示绝大部分溃堤是由水流漫顶所致。J. L. Briaud 等[94]对溃坝情况进行了分析,并采用 EFA 装置对坝体材料冲蚀速率进行了测定。结合早期相关试验的数据成果,他们将土体材料的冲蚀速率与水流剪切应力的关系绘制成图 5.16 形式,并进行了系统分类以便对土体材料的抗冲蚀性能进行评估。将本研究试验数据点绘至该"六分图"中,从中可以看出:尽管在特定工况下,土体冲蚀速率与水流剪切应力之间存在一定的相关关系,然而从整体上看,数据点较为混乱,并无明显的相关关系。该现象进一步说明,土体的冲蚀特性并不能仅由水流剪切应力这个单一变量来表征,需要引入坝体材料参数来综合分析。同时从试验数据点所处的位置来看,本研究土料跨越了 4 个区域,具有较强的代表性,也从侧面对本研究试验工况设计的全面合理性进行了验证。

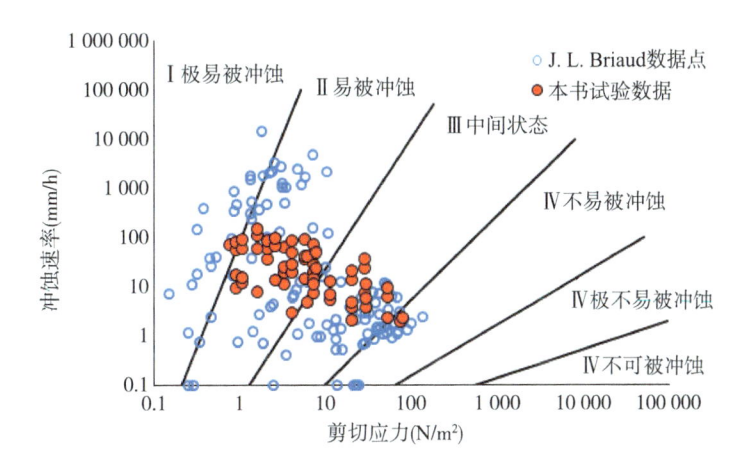

图 5.16 冲蚀速率与水流剪切应力"六分图"绘制

2）冲蚀速率与其他变量指标的关系

(a) 冲蚀速率与压实度的关系

(b) 冲蚀速率与起动剪切应力的关系

(c) 冲蚀速率与过度剪切应力的关系

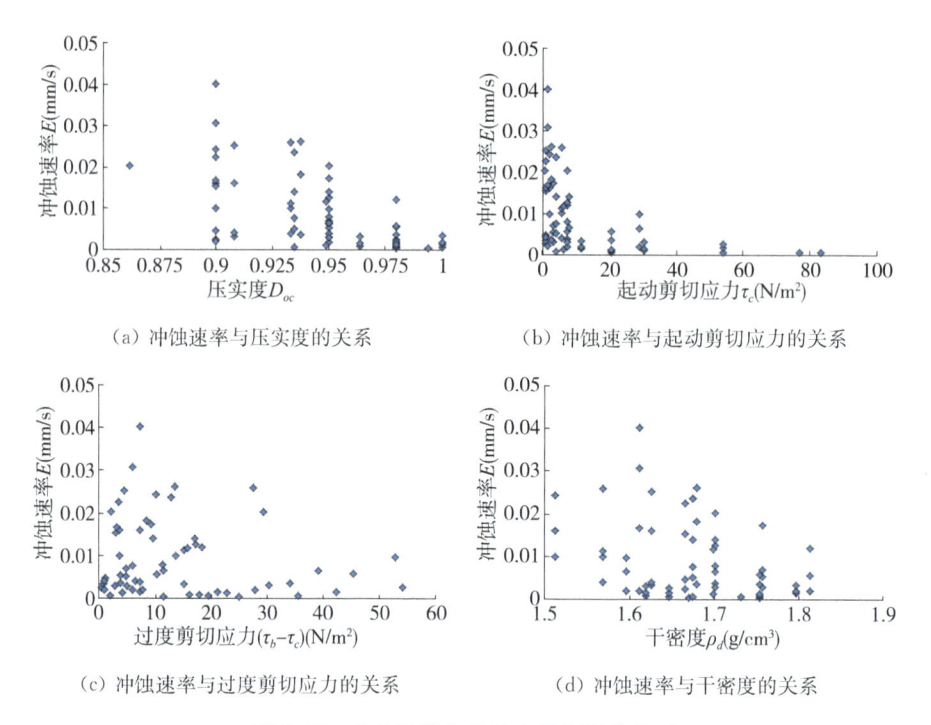

(d) 冲蚀速率与干密度的关系

图 5.17　冲蚀速率与其他变量指标的关系

图 5.17 展示了 3 种土料的冲蚀速率与土料压实度、起动剪切应力、干密度和过度剪切应力之间的关系，从中可以看出，冲蚀速率与各指标变量之间均没有明显的相关关系，这进一步表明，土体的抗冲蚀特性是多种影响因素综合作用的结果，在研究过程中需全面考虑，系统分析。

5.4.2.2　表面冲刷计算模型的建立

近些年来，越来越多的专家学者[114,150]开始认可水流产生的过度剪切应力 ($\tau_b - \tau_c$) 是引起土体起动的主要诱因，并在冲蚀速率的计算过程中以不同的方式将过度剪切应力的概念进行了引入，取得了良好的效果。该类方程的一般形式如式 (5.21) 和式 (5.22) 所示。

$$E = K_d (\tau_b - \tau_c)^{\xi} \tag{5.21}$$

$$E = K' \left(\frac{\tau_b - \tau_c}{\tau_c} \right)^{\xi} \tag{5.22}$$

式中：E 为在单位时间内单位面积土体被冲走的土体质量或者单位时间被冲刷的土体高度；τ_b 为壁面剪切应力；τ_c 为起动剪切应力；K_d 和 K' 为土体冲刷系数；ξ 为指数，对于黏性土通常取为 1，则式(5.21)可转化为

$$E = K_d(\tau_b - \tau_c) \tag{5.23}$$

在式(5.23)中，K_d 和 τ_c 是代表土料特性的变量，τ_b 为水力参数。要获得土料的冲蚀速率，需准确确定该三个变量的值。其中 τ_c 可由式(5.19)进行计算，因此，接下来需要对 K_d 和 τ_b 进行相关探讨。

1) 水流有效剪切应力 τ_b 的计算

黏性土坝在洪水漫顶情况下产生的表面冲刷水流为高速急变非均匀流，从水库上游向下游可依次分为水流亚临界区域(缓流区)、临界区(临界流)、超临界区(急流区)以及下游溃坝洪水演进区域(间断波、激波等)。目前在求解溃坝洪水演进问题时，大多基于一维或者二维圣维南方程组进行模拟，然而对于溃坝初始阶段表面冲刷水流产生的壁面剪切应力目前尚无直接有效的计算方法。

漫顶水流流过土坝，对坝面产生的有效剪切应力与坝前来流、坝体几何形态以及坝体表面粗糙程度等密切相关，借鉴谢才公式对坝坡水流的平均流速进行估计，如下式所示：

$$U = c\sqrt{RJ} \tag{5.24}$$

与式(4.17)联立可得：

$$\tau_b = \frac{1}{c^2}\rho g U^2 \tag{5.25}$$

式中：U 为坝面垂向平均流速；τ_b 为水流产生的壁面剪切应力；ρ 为水的密度；J 为水力坡降；c 为谢才系数，采用式(5.26)进行计算。

$$c = \frac{1}{n}R^{1/6} \tag{5.26}$$

在漫顶溃坝水流中，水力半径 R 近似等于坝面水深 H，因此式(5.26)可转变为

$$c = \frac{1}{n}H^{1/6} \tag{5.27}$$

则采用式(5.27)可对坝面水流有效剪切应力进行初步估计。

Scott Shewbridge 等[151]曾针对海岸防洪堤的建设开展相关研究，他们假设海浪涌上防洪堤的水流断面流速符合传统的对数型分布，提出了如下形式计算公式：

$$\tau_b = \frac{1}{2}\rho f_c U^2 \qquad (5.28)$$

式中：τ_b 为水流对岸坡产生的有效剪切应力；ρ 为水的密度；U 为涌浪的平均速度；f_c 为综合阻力系数，所有变量均采用英制单位。

对比式(5.25)和式(5.28)可以发现，两个剪切应力计算公式在形式上完全相同，只是系数的计算方法存在差别，这也从侧面验证了本研究构建的壁面剪切应力计算公式的定性正确性。

2) 冲刷系数 K_d 的计算

冲刷系数 K_d 是与土料物理力学性质密切相关的材料参数，然而截至目前，关于 K_d 的计算模型十分匮乏。现有相关资料大多针对软黏性泥沙或者淤泥，且大多通过试验或者经验的方法获得。同时，由于各位学者对冲蚀速率的定义不同，导致冲刷系数 K_d 的单位略有差别，本研究定义冲蚀速率 E 为单位时间内被冲刷的土体高度（以 mm 计），因此冲刷系数的单位取为 $mm^2 \cdot s/kg$。

Winterwerp 等[125]针对沿海海域淤泥的力学性质进行了分析研究，提出了如下冲刷系数表达式：

$$K_d = \frac{c_v \varphi_s \rho_d}{10 d_{50} \tau_s} \qquad (5.29)$$

式中：c_v 是淤泥固结系数；τ_s 为土的抗剪强度；ρ_d 为土料干密度；d_{50} 为中值粒径；φ_s 为表征土样性质的系数。

Stein 等分别对黏土料、细砂料和粗砂料开展了冲深试验研究，并对式(5.21)中的 K_d 及 ξ 进行了拟合。结果显示：粗砂的 $K_d = 0.98(s^2 \cdot kg^{-0.5} \cdot m^{-0.5})$，$\xi = 1.5$；细砂的 $K_d = 0.3(s^2 \cdot kg^{-0.5} \cdot m^{-0.5})$，$\xi = 1.5$；对于黏性土而言，最佳拟合结果则为 $K_d = 0.04(s \cdot m^{-1})$，$\xi = 1.0$。然而对于同一种土料，不同状态下其抗冲蚀性能会存在较大差异，用一个参数来表征一类土的抗冲蚀特性存在一定的不合理性。

Hanson 和 Simon[152]使用现场 JET 冲蚀装置对美国中西部湿陷性黄土河

床的抗冲性能进行了测试,他们认为即使是同一地区的土质,其抗冲蚀性能也存在极大的差异,有时土体的起动剪切应力甚至相差几个数量级。对现场试验结果进行分析得出,冲刷系数与土样的起动剪切应力存在一定的反比关系,并初步拟合了如下关系式($R^2=0.64$):

$$K_d = 0.2\tau_c^{-0.5} \tag{5.30}$$

2006 年,Zhu[125]在考虑坝体材料特性的基础上,结合量纲分析建立了冲刷系数 K_d 的计算公式,如式(5.31)所示,并采用 4 组室内模型试验进行校核,取得了较好的效果。

$$K_d = \frac{a\left[(\rho'-1)gd_{50}\right]^{0.5}}{C(\rho'-1)^{3.0}} \tag{5.31}$$

式中:$a=0.642$,为系数;d_{50} 为中值粒径;C 为坝体材料的黏聚力;ρ' 为坝体材料的相对密度,$\rho'=\rho_d/\rho$。

但正如其在文献中所讲,由于资料有限,式(5.31)中所考虑的影响因素仍较少,且对公式的校验只采取了 4 组试验数据,因此,有必要开展专门的系列试验研究,针对黏性土坝坝体材料建立更具针对性的冲刷系数计算模型。

(1) 冲刷系数与各物理力学指标之间的关系

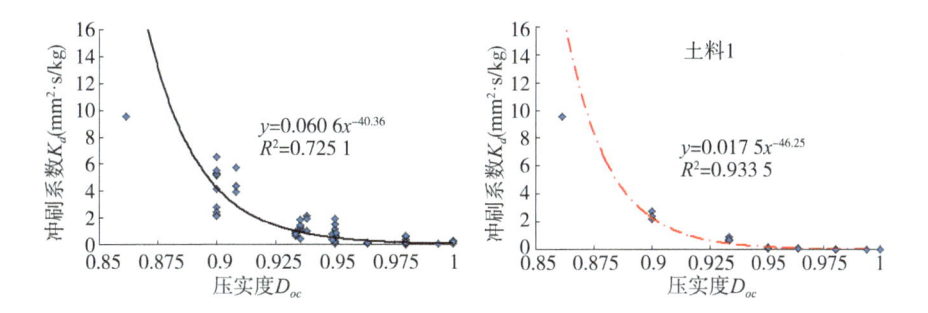

① 冲刷系数与压实度的关系

图 5.18 展示了冲刷系数与 3 种土料压实度之间的关系,从中可以看出,冲刷系数与压实度之间呈现较为明显的反比例关系,即随着压实度的增加,土料的冲刷系数逐渐较小;而对于不同的土料,其拟合公式的幂指数不尽相同,这也说明压实度对不同土料的影响程度存在差异。

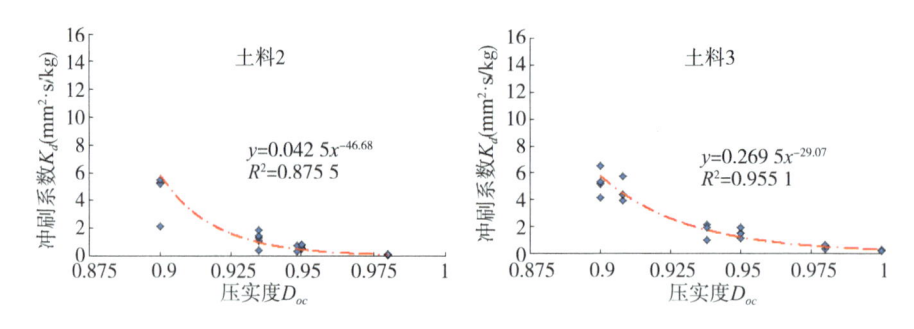

图 5.18 冲刷系数与压实度的关系

② 冲刷系数与起动剪切应力的关系

图 5.19 展示了冲刷系数与 3 种土料起动剪切应力之间的关系,从中可以看出,冲刷系数与土体剪切应力之间呈现较好的反比关系,拟合优度可达 90% 以上,土料的冲刷系数随着起动剪切应力的增加而逐渐较小;然而对于不同土料,其拟合公式的幂指数仍不尽相同,可见尽管采用土体起动剪切应力可较好地对其冲刷系数进行估计,然而土的冲蚀特性并不仅仅与这一个参数有关。对于土体冲刷系数的预测理论上仍需加入更多的参数。

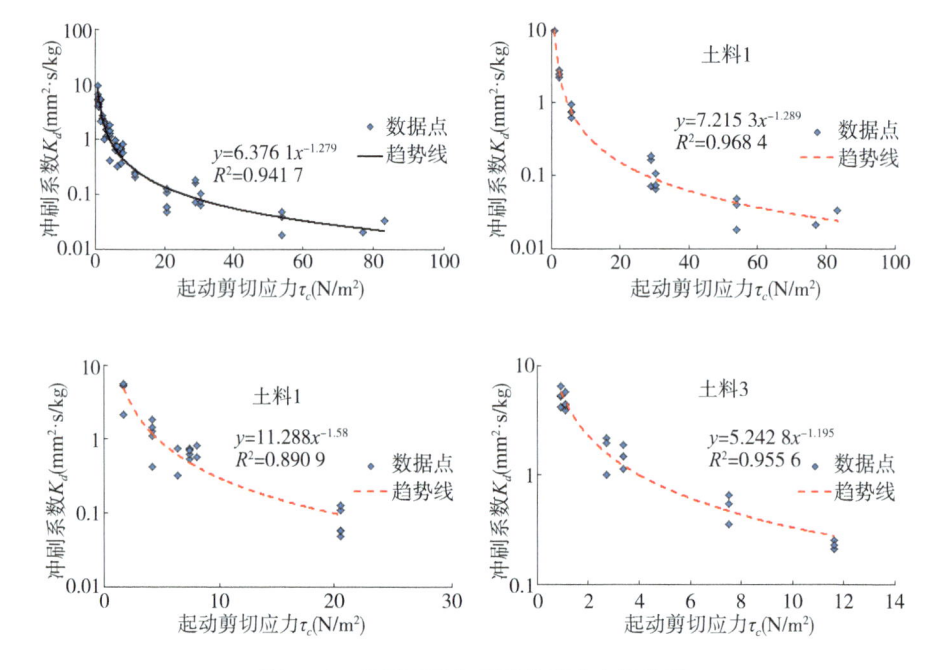

图 5.19 冲刷系数与起动剪切应力的关系

③ 冲刷系数与干密度的关系

将土体冲刷系数与干密度的关系绘制在图 5.20 中，从中可以看出，对于不同的土料而言，冲刷系数与干密度的数据点分布比较散乱；然而对于特定的土料来讲，两者存在较好的相关关系，冲刷系数随着干密度的增大逐渐降低，但是受土料性质的影响，其降低的幅度存在一定的差异。

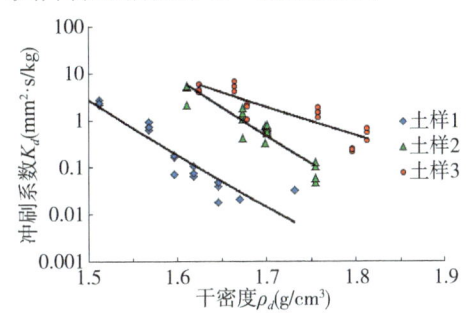

图 5.20　冲刷系数与干密度的关系

④ 冲刷系数与黏粒含量及中值粒径的关系

图 5.21 和图 5.22 分别展示了土体冲刷系数与 3 种土样的黏粒含量以及

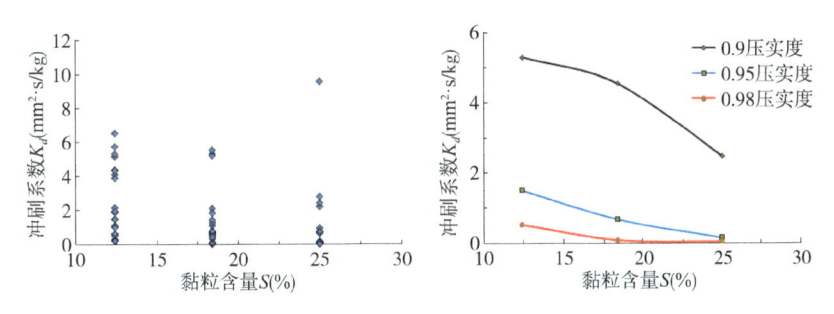

图 5.21　冲刷系数与黏粒含量的关系

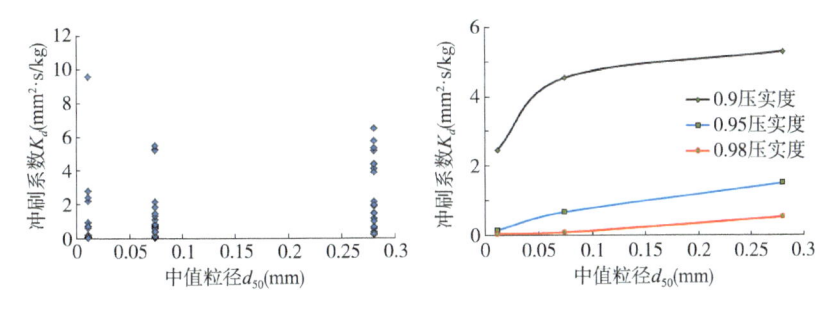

图 5.22　冲刷系数与中值粒径的关系

中值粒径之间的关系,从中可以看出,冲刷系数与黏粒含量、中值粒径之间并没有较好的相关关系;然而对于相同的压实工况,则呈现出了一定的规律性:冲刷系数则随着土体黏粒含量的增大而减小,随着中值粒径的增大而增大。

(2) 冲刷系数预测公式的建立

由图 5.19 可知,筑坝土料的冲刷系数与其起动剪切应力之间存在很好的相关关系,采用起动剪切应力作为指标参数可对冲刷系数进行有效估计,对于表面冲刷工况,有:

$$K_d = 6.376\,1\tau_c^{-1.279} \tag{5.32}$$

然而上式中并未加入其他土料代表性指标,由前文分析可知,土料的冲刷系数 K_d 与土的种类(土料干密度、凝聚力和内摩擦角、黏粒含量等)、土料的密实程度(压实度)等众多因素密切相关,涉及多个物理力学指标。因此,在考虑更多土质参数的基础上,建立一个量纲和谐的具有物理学意义的预测模型至关重要。将土的起动剪切应力由中值粒径、凝聚力、黏粒含量等土料物理力学指标表征,并引入压实度和干密度两个综合体现土体密实程度的参数,通过量纲分析构建如下形式的冲刷系数计算公式:

$$K_d = \frac{aD_{oc}^m S^n}{\sqrt{C\rho_d}} \tag{5.33}$$

式中:a 为系数;m、n 为指数;D_{oc} 为压实度;S 为黏粒含量;C 为土料黏聚力;ρ_d 为土体干密度。

利用试验所得 63 组成果数据进行公式拟合,可得 $a=12\,733.6$,$m=-38.968$,$n=-2.323$,则表达式为:

$$K_d = \frac{12\,733.6D_{oc}^{-38.968}S^{-2.323}}{\sqrt{C\rho_d}} \tag{5.34}$$

式(5.34)的拟合优度 R^2 为 0.9,将其预测值与试验所得数据进行比较,如图 5.23 所示,可见虽然预测结果存在一些差异较大的数据点,然而公式预测值与试验实测值均分布在 45°线左右,对于影响因素众多的筑坝土样来讲,可认为达到了较好的预测效果。

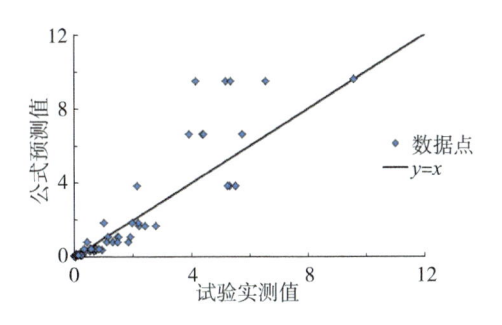

图 5.23 拟合公式预测效果

5.5 坝体在多角度射流作用下的冲蚀特性

由前文分析可知,在土坝漫顶溃决的蚀退发展阶段,溃坝水流主要以陡坎射流的形式对坝体进行冲刷,造成初始冲坑的刷深以及多级陡坎的合并。陡坎射流冲刷归根结底为不同角度、不同流速的溃坝水流对黏性坝体的冲蚀,在此背景下,本研究通过研制专门的变角度射流冲刷试验装置,对不同筑坝土料在冲射水流作用下的抗冲蚀特性进行探讨。

5.5.1 试验方法简介

多角度射流冲刷试验在自行研制的射流冲刷模拟系统中开展,采用正交试验的方法进行工况设计,如表 5.3 所示。南京水利科学研究院大比尺现场溃坝试验成果表明,当坝体土料的含水量达到或者超过最优含水量以后,其对坝体冲蚀速率的影响相对较小。因此本研究所有试验土样的制备均严格控制在最优含水量附近,以忽略含水量的影响,使得对其他指标的研究能够更为准确可靠。

表 5.3 多角度冲刷试验工况

编号	土样类型	水流冲射角度(°)	压实度	流速(m/s)
1-30-0.8	土料1	30	0.80	6
1-30-0.85	土料1	30	0.85	6
1-30-0.9	土料1	30	0.90	6

续表

编号	土样类型	水流冲射角度(°)	压实度	流速(m/s)
1-60-0.85(a)	土料1	60	0.85	5
1-60-0.85(b)	土料1	60	0.85	6
1-60-0.9	土料1	60	0.90	8
1-90-0.8	土料1	90	0.80	6
1-90-0.85(a)	土料1	90	0.85	6
1-90-0.9	土料1	90	0.90	6
1-90-0.85(b)	土料1	90	0.85	4
1-90-0.85(c)	土料1	90	0.85	5
2-30-0.8	土料2	30	0.80	6
2-30-0.85	土料2	30	0.85	6
2-30-0.9	土料2	30	0.90	6
2-60-0.8	土料2	60	0.80	6
2-60-0.85	土料2	60	0.85	6
2-60-0.9	土料2	60	0.90	6
2-90-0.85(a)	土料2	90	0.85	6
2-90-0.85(b)	土料2	90	0.85	6
2-90-0.9	土料2	90	0.90	6
3-30-0.8	土料3	30	0.80	6
3-60-0.8	土料3	60	0.80	6
3-60-0.85	土料3	60	0.85	6
3-90-0.85	土料3	90	0.85	6
3-90-0.9	土料3	90	0.90	6

注：试验编号为土料类型-冲射角度-压实度；(a)(b)(c)用于对比工况的区分。

具体试验开展步骤如下。

（1）选取与表面冲刷试验相同的3种土样，按照预先设定的试验工况计算所需水量(保证一定的富余量)以及干土料的质量,进行目标土料的初始配置;土料的加水过程以喷雾的形式进行,保证整体含水量比较均匀,且有利于水土的充分融合;加水完成的土料需静置一段时间,保证水的充分渗入结合。

(2) 按照所需压实度进行土料称重和平分,采用五层压实的方法在土样模具中进行制样,每层高度 5 cm;每层压实结束后需进行相应的"打毛处理"以避免较为严重的分层现象。

(3) 将试验模具放置在喷嘴的下方适当位置,具体位置视冲刷角度而定,保证冲射落点前后均有足够的土样,避免模具前后边壁的影响。

(4) 开启水泵,在管道允许承压的范围内较快开启至特定流量,记录土样冲深随时间变化,并采用高清摄像机全程记录土样冲蚀发展过程。

5.5.2 试验结果处理分析

5.5.2.1 各指标对土体冲蚀特性的影响

(1) 不同压实度对土样冲蚀特性的影响

图 5.24 给出了不同土料在保证其他工况一致的情况下进行变压实度试验结果,从中可以看出:① 无论对于何种土料和冲射角度,压实度对于土样的抗冲蚀特性均影响甚大,随着压实度的增大,土样的抗冲蚀特性得到了极大的提升,在压实度从 0.8 增至 0.9 的过程中,达到相同冲刷深度所耗时间增加了几倍甚至十几倍;② 所有试验结果同时表明,在土样刷深过程中,其冲蚀速率并不是一成不变的,初始冲蚀速率相对较大,之后有逐渐减小的趋势,且压实度越大,这一现象越明显;③ 在冲蚀过程中,不时会出现类似"台阶状"的冲蚀过程曲线,究其原因,主要是受到分层压实的影响,尽管在压实时已采取了"打毛"处理等措施,然而每层土料压实仍不可避免出现了上下密实程度不均的现象,在土层的表面土样压实程度较中下层要高,形成了有效的防冲屏障,在水流冲射作用下能够保持较长时间的相对稳定状态,然而一旦水流冲破每层的表面土料,则冲蚀速率会突然增大,迅速在该层进行刷深。该现象在水流表面冲刷试验中也广泛存在,也是表面冲刷试验中土样冲蚀速率测定存在一定误差的主要原因之一。将此试验现象与溃坝试验过程中的陡坎现象进行比对,可推断:黏性土坝陡坎式溯源发展过程与坝体的施工工艺——"分层碾压"存在本质上的因果关系,需格外加以重视。

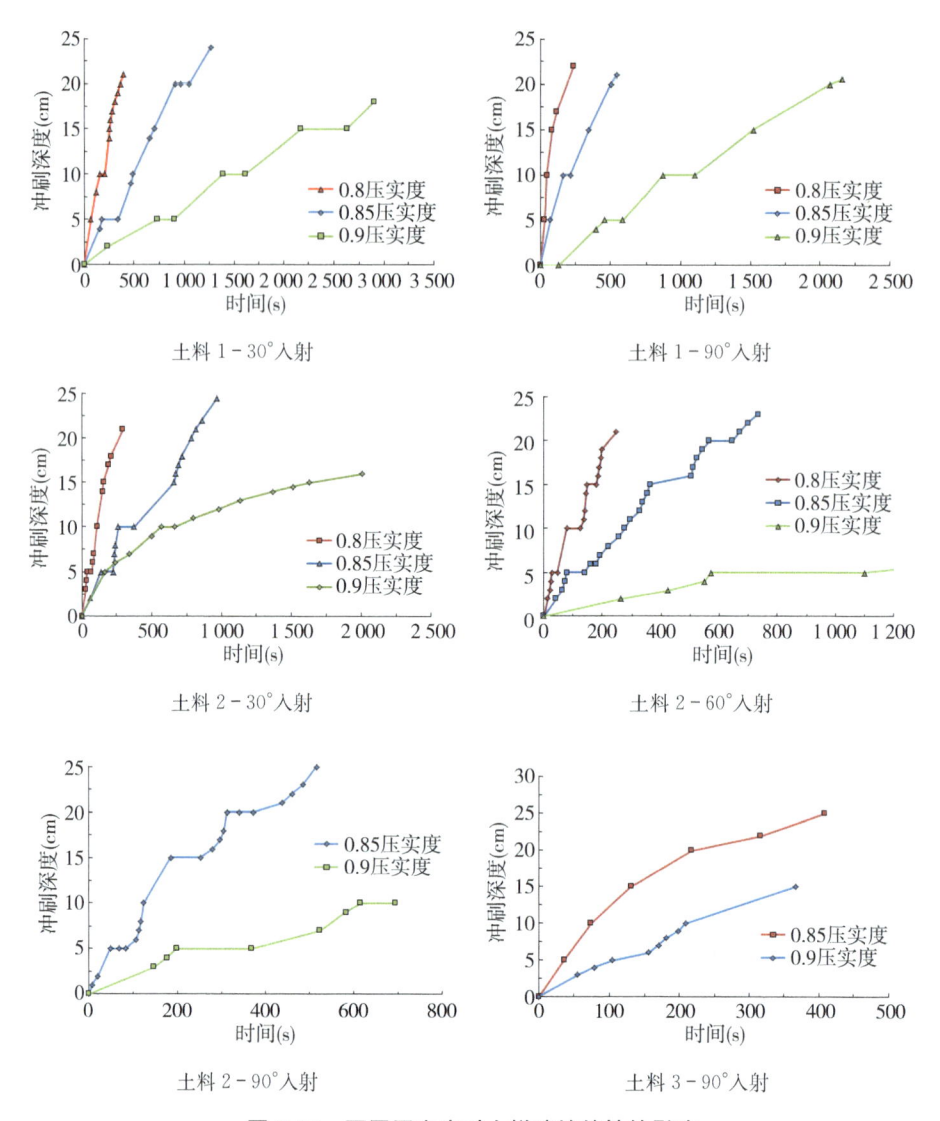

图 5.24　不同压实度对土样冲蚀特性的影响

(2) 不同入射角度对土样冲蚀特性的影响

图 5.25 分别给出了土料 1 和土料 2 在其他工况保持一致情况下土样的抗冲蚀性能随冲刷角度的变化特性。从中可以看出,各土料的刷深性能随入射角度变化明显,水流的入射角度越大,达到相同的冲刷深度所用的时间也越短,即冲蚀速率(冲深与时间的比值)越大。

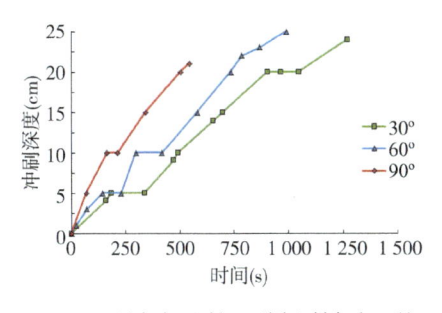

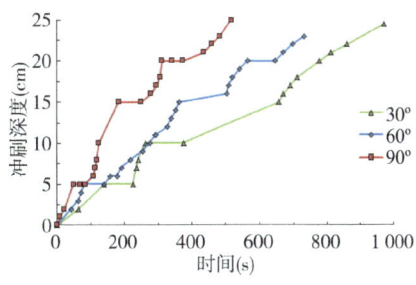

(a) 0.85压实度-土料1不同入射角度工况　　(b) 0.85压实度-土料2不同入射角度工况

图 5.25　不同入射角度对土样冲蚀特性的影响

需要指出的是,对于较小压实度,如 0.8 压实度工况,由于土样比较容易被冲蚀,其冲蚀速率与冲射角度之间的相关关系并不明显,如图 5.26 所示。然而从整体来看,依旧存在冲蚀速率随入射角度增大而增大的现象。

(3) 不同土料冲蚀特性对比

图 5.27 给出了多组不同土料在相同工况下的冲蚀速率对比,从中可以看出,土料自身的性质对于冲蚀过程的发展有着较大的影响,对于试验所选用的三种土样来讲,相同工况下的冲蚀速率排序如下:土样1<土样2<土样3;各种土料的差异集中表现在其土质指标上,图 5.28 给出了平均冲蚀速率与各土质指标的关系,可以看出,在相同工况下,土体的平均冲蚀速率随黏粒含量和压实度的增大而减小;随着中值粒径和干密度的增大而增大。

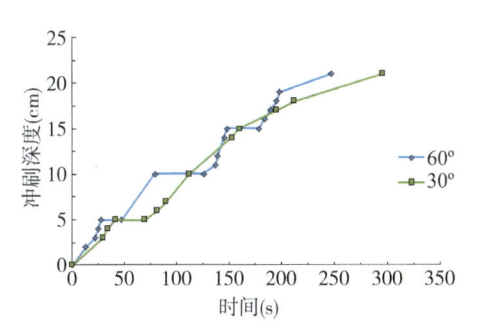

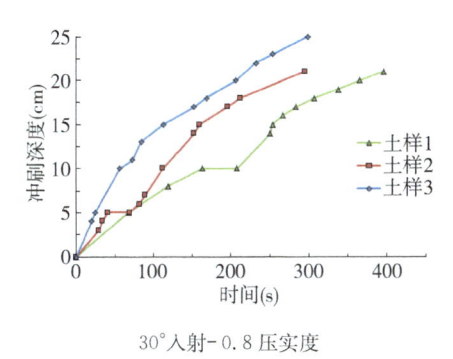

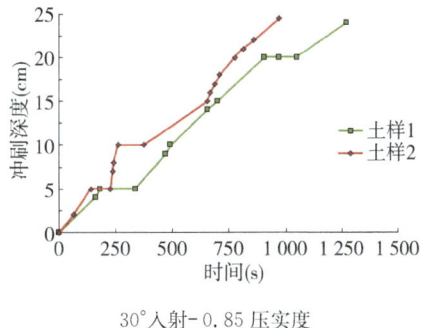

图 5.26　0.8 压实度-土料2不同入射角度冲刷发展过程

30°入射-0.8压实度　　　　30°入射-0.85压实度

60°入射-0.8压实度　　　　　　　　60°入射-0.85压实度

90°入射-0.85压实度　　　　　　　　90°入射-0.9压实度

图 5.27　不同土料冲蚀特性对比

90°入射-0.9压实度　　　　　　　　土料 1-90°入射

90°入射-0.9压实度　　　　　　　　90°入射-0.9压实度

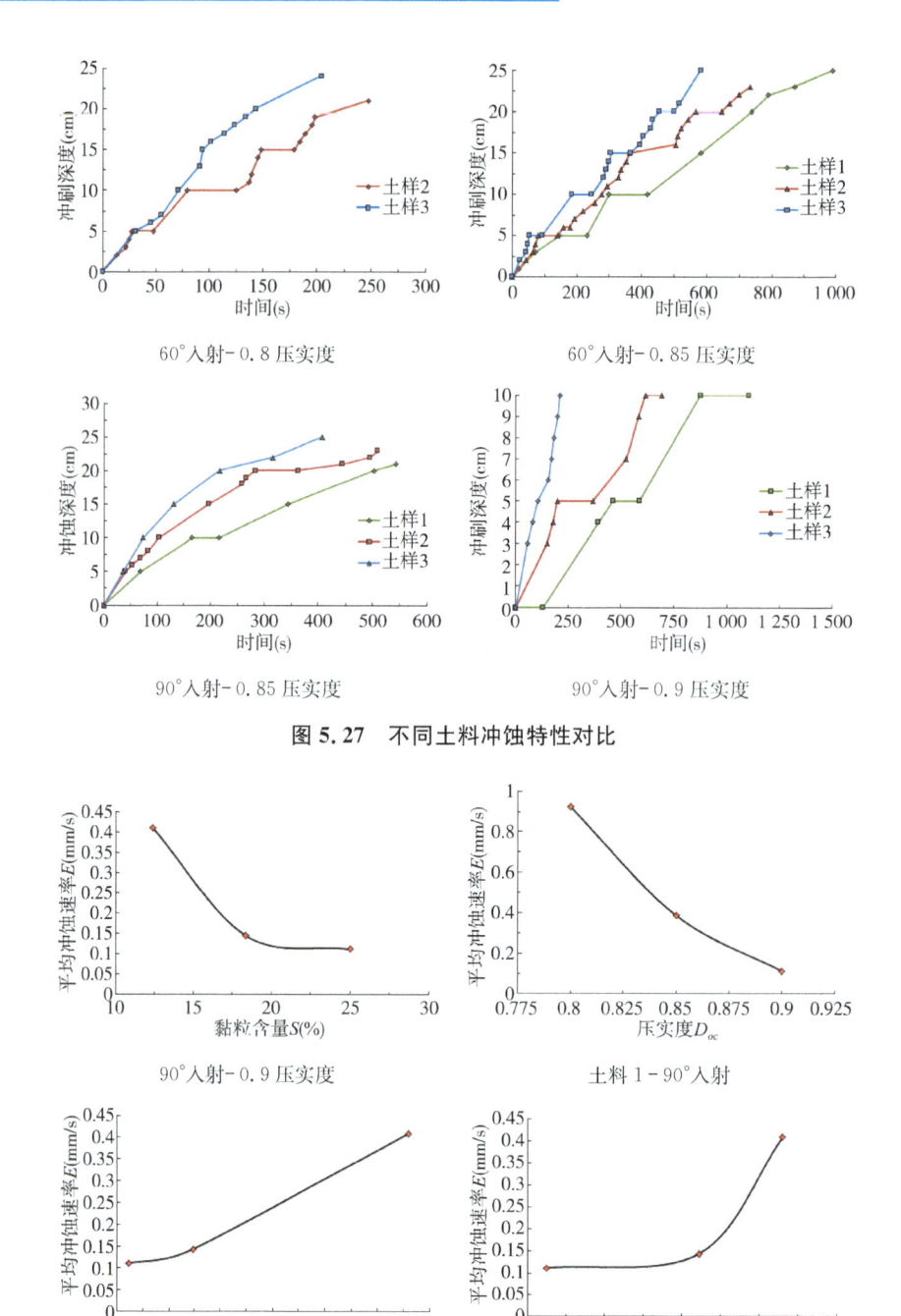

图 5.28　平均冲蚀速率与各土质指标的关系

第5章 坝体材料综合抗冲蚀特性研究

（4）不同冲射流速下土料冲蚀特性对比

图 5.29 给出了相同土体工况、不同冲射流速下的冲蚀情况，从中可以清晰地看出，随着水流流速的增大，土体的冲蚀速率迅速增大，这充分说明了在土坝溃决过程中水流主动力与坝体材料被动抗力是相互耦合、不可分割的两部分，对坝体冲蚀速率的研究需要综合考虑两方面的相对作用。

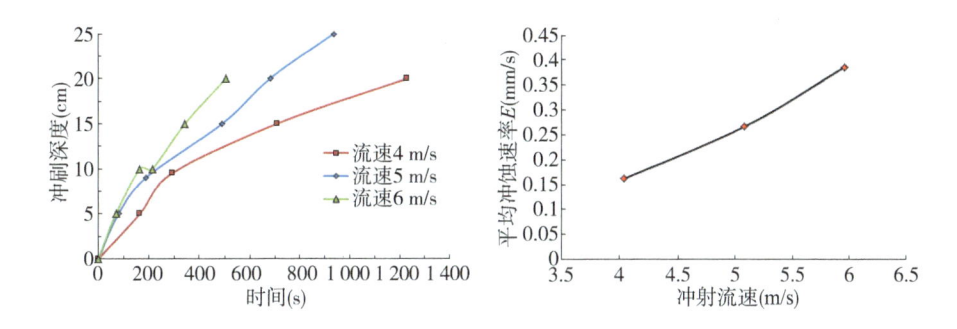

图 5.29　冲蚀特性与水流流速的关系（1-90-0.85 工况）

（5）试验的可重复性验证

为了对冲刷试验的可重复性进行验证，本研究设计了工况基本一致的试验组次，其冲蚀发展过程如图 5.30 所示，从中可以看出：尽管试验 1 没有出现明显的分层冲蚀现象，然而其整体冲深发展过程同试验 2 基本一致，表明本研究所开展的黏性土的抗冲蚀试验研究具有较好的可重复性。

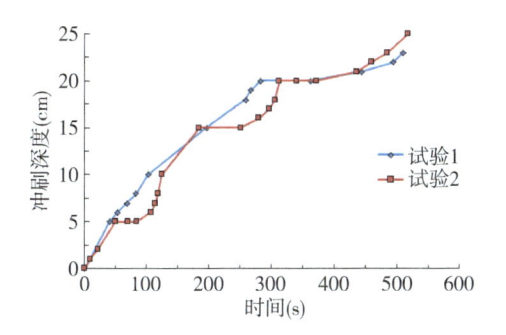

图 5.30　2-90-0.85 工况对比试验

5.5.2.2　射流冲刷模型的建立与完善

预测水流射流冲刷作用下土体冲深发展过程是黏性土料抗冲蚀特性研究的主要内容之一。Stein 等[114]曾针对跌坎水流的冲蚀特性开展了相应的研究工作，建立了最大冲蚀深度以及冲蚀速率随时间的变化关系式。Fogle 等[111]则在 Robinson 数据的基础上对水流在冲坑中受阻的阻力系数进行了重新建模，取得了良好的效果。本研究在以上专家学者研究成果的基础之上开展了研究工作，旨在进一步发展完善射流冲蚀模型，对黏性土坝漫顶溃决发展过程进行有效模拟和预测。

(1) 射流冲刷模型

在溃决发展阶段，坝体多以陡坎式蚀退发展为主要形式，产生如图 2.13 所示的冲射水流。与平面冲刷不同的是，与坝体平面成一定交角的水流将会直接冲击落点处坝体，产生强烈的正向水压力及壁面剪切应力导致冲坑的形成和发展，而这正是黏性土坝陡坎式溃决发展过程中主要的水土耦合模式。在冲射水流作用下坝体的冲蚀结构如图 5.31 所示。很多学者曾对冲射水流的流体结构进行研究，并获得了相应的流场结构，即在冲射水流方向存在一定长度的射流核心区，在此区域内，水流流速可以认为是恒定值，而超过核心区的部分，将在土体摩擦及冲坑内的水垫作用下而慢慢减弱，在冲坑底部水流流线将发生强烈偏转，形成剧烈漩涡结构。

借鉴 Stein 以及 Hanson 等人的研究成果，在模型建立过程中引入过度剪切应力的概念，即只有当水流产生的有效剪切应力大于土体的临界剪切应力才会对土体造成损害，则相应的冲蚀表达式与式(5.23)完全一致，即：

$$E = \frac{dD}{dt} = K_d(\tau_b - \tau_c) \tag{5.35}$$

式中：E 为在单位时间内单位面积被冲走的土体质量或者单位时间被冲刷的土体高度；τ_b 为水流产生的有效壁面剪切应力；τ_c 为起动剪切应力；K_d 为土体冲刷系数；D 为冲坑的垂直深度。

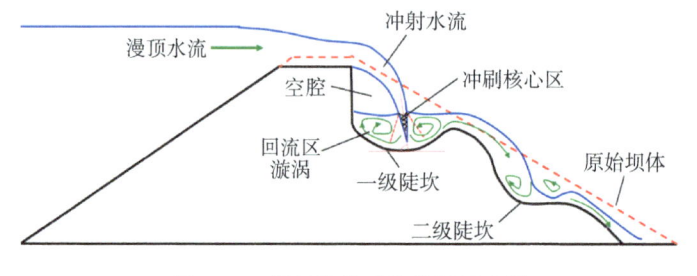

图 5.31 坝体陡坎冲蚀发展示意图

Briaud J. L.[60]认为跌坎冲刷过程涉及较大的正向冲击力作用,需要在模型中有所体现。但式(5.35)是Stein等在陡坎水流试验成果的基础上所提出,且得到了众多试验验证,因此可认为其能够较好用于射流冲蚀的模拟。对于水流的剪切应力,采用如下表达式进行计算[114]:

$$\tau_b = C_f \rho U_0^2 \quad J \leqslant J_p \tag{5.36}$$

$$\tau_b = C_d^2 C_f \rho U_0^2 \frac{y_0}{J} \quad J > J_p \tag{5.37}$$

式中:τ_b为水流对土体的壁面有效剪切应力;J为水流沿入射方向的冲射长度;J_p为射流核心区的长度;C_d为扩散系数;U_0为水流的入射流速;y_0为入射水流的厚度;C_f为阻力系数,可由式(5.38)计算获得。

$$C_f = (0.22/8)(q/v)^{-0.25} \tag{5.38}$$

式中:q为单宽流量;v为运动黏滞系数。

则式(5.35)可转化为以下形式:

$$\frac{dD}{dt} = K_d (C_f \rho U_0^2 - \tau_c) \quad H \leqslant H_p \tag{5.39}$$

$$\frac{dD}{dt} = K_d \left(\frac{C_f \rho U_0^2 D_p}{D} - \tau_c \right) \quad H > H_p \tag{5.40}$$

式中:D为冲坑垂直深度,$D = J\sin\chi$,χ为入射水流与水平面的交角;D_p为射流核心区的最大垂直深度,$D_p = C_d^2 y_0 \sin\chi$。

引入无量纲指标D^*和T^*,令$D^* = D/D_e$,$T^* = t/T_r$。其中D_e为该土体在水流冲射条件下所能达到的最大冲坑深度,T_r为冲蚀时间的参考指标,可由下列公式计算得到。

$$D_e = \frac{C_d^2 C_f \rho U_0^2 y_0}{\tau_c} \sin\chi \tag{5.41}$$

$$T_r = \frac{D_e}{K_d \tau_c} \tag{5.42}$$

结合以上各式，可以获得冲深随时间的关系式如下：

$$T^* = D^*(\frac{D_p^*}{1-D_P^*}) \quad D^* \leqslant D_p^* \tag{5.43}$$

$$T^* - T_p^* = -D^* - \ln(1-D^*) \left| \begin{array}{l} D^* \\ D_p^* \end{array} \right. \quad D^* > D_p^* \tag{5.44}$$

式中：T_p^* 和 D_p^* 是 T_p 和 D_p 的无量纲化参数。

尽管 Stein 等[114]通过理论分析的方法获得了以上冲深深度与冲蚀时间之间的关系式，但式中存在四个未知变量——冲刷时间 t、冲深 D、冲刷系数 K_d 以及土体的起动剪切应力 τ_c。无法进行直接求解，必须开展相应的冲刷试验，测得土体的起动剪切应力及对冲刷系数进行拟合方可对冲蚀速率进行估计，大大降低了该模型的适用性。

本研究基于该冲蚀发展理论，通过开展物理模型试验，对其中的未知参数 K_d、τ_c 进行探讨分析，获得相应的计算模型，最终建立一套较为快捷方便的冲蚀速率预测模型。众多学者的研究表明，土体的起动主要与其自身性质有关，一种特定土体只有一种起动摩阻流速和起动剪切应力。因此，土料的起动剪切应力可直接借助前述章节中所述的起动试验或者通过式(4.19)来获取。此处着重针对 K_d 进行分析讨论。

(2) 各工况冲刷系数 K_d 的计算

对于多角度射流冲刷工况，由于冲蚀速率和水流的有效剪切应力均随时间变化，无法直接求解出冲刷系数。借助 Stein 等人建立的冲刷模型，通过相应的变换可对溃坝过程各阶段的冲刷系数进行初步估计。

由上文可知，D_p^* 是由冲刷至射流核心区最大深度时所需时间进行无量纲变化所得，通过式(5.43)可将其转化为

$$T_p^* = D_p^*(\frac{D_p^*}{1-D_P^*}) = \frac{D_p}{D_e}(\frac{D_p/D_e}{1-D_p/D_e}) \tag{5.45}$$

由式(5.41)可知

$$D_e = \frac{C_d^2 C_f \rho U_0^2 y_0}{\tau_c}\sin\chi = \frac{D_p \tau_b}{\tau_c} \tag{5.46}$$

则联立可得

$$T_p^* = \frac{\tau_c}{\tau_b}\left(\frac{\tau_c}{\tau_b - \tau_c}\right) \tag{5.47}$$

又知

$$D_p = C_d^2 y_0 \sin\chi \tag{5.48}$$

则联立式(5.41),式(5.42),式(5.47)和式(5.48)可求得相应冲刷深度时的冲刷系数 K_d。

表 5.4 列出了土样 2 在 0.9 压实度,30°入射角时冲深随时间的变化及相应的冲刷系数计算值,图 5.32 则给出了在冲蚀发展过程中冲刷系数随时间的变化过程。从中可以看出,随着冲坑的发展,冲刷系数 K_d 存在一定的波动,且有逐渐减小的趋势。然而从整体来看其变化幅度较小,随时间较为均匀地分布在平均值两侧,因此,可采用整个冲刷过程的平均值来综合代表该土体的冲刷系数。

表 5.4 工况 2 - 30 - 0.9 冲蚀过程

冲刷时间 t(s)	冲刷深度 D(cm)	冲刷系数 K_d(mm² · s/kg)
170.2	5.0	4.544
240.4	6.0	5.237
344.3	7.0	4.792
498.8	9.0	5.278
566.6	10.0	5.697
796.9	11.0	4.888
982.4	12.0	4.720
1 134.2	13.0	4.809
1 367.9	14.0	4.643
1 511.4	14.5	4.519
1 635.3	15.0	4.482
2 005.0	16.0	4.184

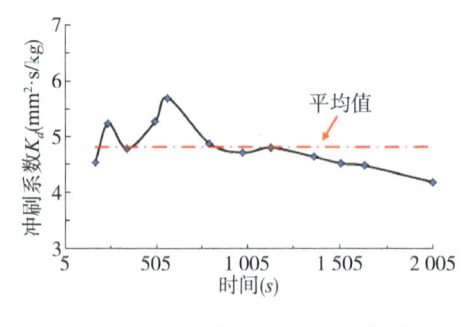

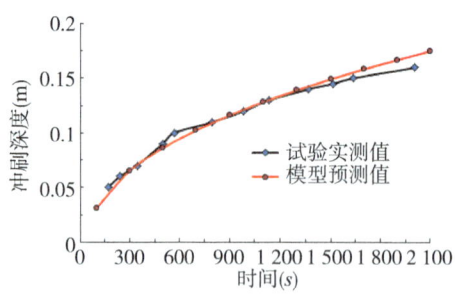

图 5.32　冲刷系数 K_d 随时间变化过程　　图 5.33　对冲刷过程进行预测的效果对比

采用计算获取的冲刷系数值对该工况的冲刷过程进行模拟预测，如图 5.33 所示，可见预测模型较好地对试验真实冲刷情况进行了反映，由此可见，采用该方法进行冲刷系数的预测十分可行。

按照上述方法对所有试验工况的冲刷系数进行计算处理，结果如表 5.5 所示。

表 5.5　不同射流冲刷工况冲刷系数计算结果

土料种类	压实度 D_{oc}	入射角度 $\chi(°)$	冲刷系数 K_d(mm²·s/kg)
土料 1	0.80	30	25.477
土料 1	0.85	30	9.987
土料 1	0.85	60	9.200
土料 1	0.85	90	10.950
土料 1	0.90	30	2.493
土料 1	0.90	60	2.467
土料 1	0.90	90	2.307
土料 2	0.80	30	35.637
土料 2	0.80	60	24.595
土料 2	0.85	30	11.587
土料 2	0.85	60	10.316
土料 2	0.85	90	17.019
土料 2	0.90	30	4.816

续表

土料种类	压实度 D_{oc}	入射角度 $\chi(°)$	冲刷系数 $K_d(\text{mm}^2 \cdot \text{s/kg})$
土料2	0.90	60	1.001
土料2	0.90	90	3.082
土料3	0.80	30	58.043
土料3	0.80	60	50.690
土料3	0.85	60	12.700
土料3	0.85	90	18.244
土料3	0.90	90	5.731

(3) 冲刷系数与各变量指标之间的关系

① 冲刷系数与入射角度之间的关系

图5.34给出了相同压实度下($D_{oc}=0.85$)各土料的冲刷系数与入射角度之间的关系，从中可以看出，在不同冲射角度下，各土料的冲刷系数存在一定的差异，然而从整体来看，各土料冲刷系数均在同一量级，相差不大。因此可认为：在其他工况（如压实度等）相同的情况下，尽管入射角度对冲蚀速率有着较为明显的影响，但对计算模型中冲刷系数的影响不大。

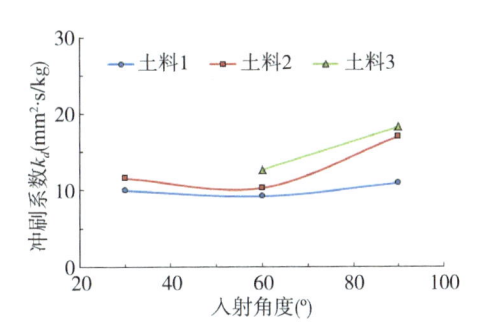

图5.34 冲刷系数与入射角度之间的关系

② 冲刷系数与起动剪切应力的关系

图5.35给出了冲刷系数与3种土料起动剪切应力之间的关系，从中可以看出，冲刷系数与土料的起动剪切应力呈现显著的反比关系，如式(5.49)所示，拟合优度达0.935。

$$K_d = 5.145\ 7\tau_c^{-0.6} \tag{5.49}$$

式中:K_d 的单位为 $mm^2 \cdot s/kg$。

这一结论与表面冲刷试验完全一致,然而两者在拟合公式的系数上存在一定的差异。

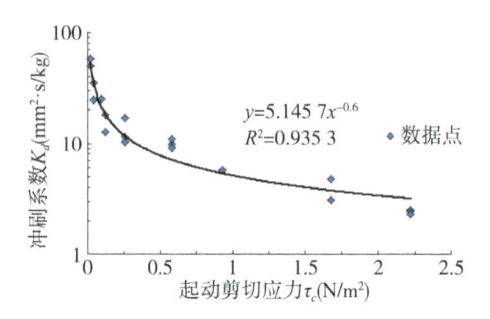

图 5.35 冲刷系数与起动剪切应力的关系

③ 冲刷系数与压实度的关系

图 5.36 给出了冲刷系数与 3 种土料压实度之间的关系,从中可以看出,冲刷系数与压实度之间呈现较为明显的反比例关系。随着压实度的增加,土料的冲刷系数逐渐较小。

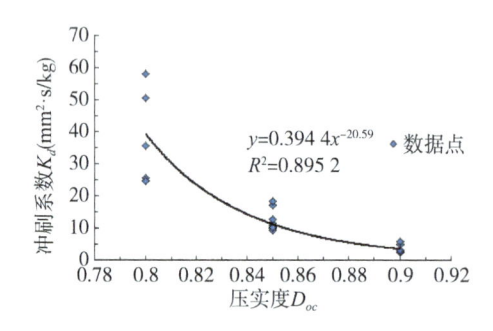

图 5.36 冲刷系数与压实度的关系

④ 冲刷系数与干密度的关系

将冲刷系数与干密度的关系点绘到图 5.37 中,从中可以看出,对于不同的土料而言,尽管冲刷系数与干密度的数据点分布比较离散,但是均表现出了相同的变化趋势,即冲刷系数随着干密度的增大逐渐降低;对于每一种特定的土料,冲刷系数与干密度存在较好的相关关系,然而受到土料性质的影响,其变化幅度存在一定的差异。

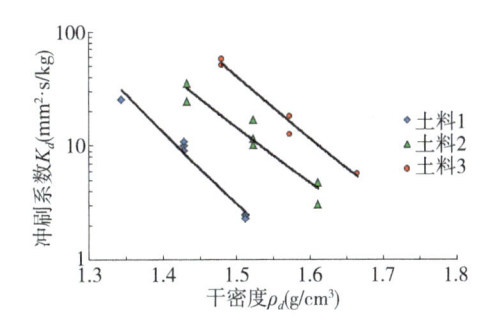

图 5.37 冲刷系数与干密度的关系

(4) 冲刷系数预测公式的建立

由于多角度冲刷侵蚀冲刷形式与表面冲刷存在较大差异,采用的测试手段不同;加上计算模型中水流有效剪切应力的计算方法也存在一定差异,因此其冲刷系数 K_d 可能与表面冲刷时不尽相同。与表面冲刷工况类似,除了采用式(5.49)对冲刷系数进行初步评估以外,进一步尝试在考虑量纲和谐的基础上建立一个具有物理学意义的预测模型,如下所示:

$$K_d = \frac{aD_{oc}^m S^n}{\sqrt{C\rho_d}} \tag{5.50}$$

式中:a 为系数;m、n 为指数;D_{oc} 为压实度;S 为黏粒含量;C 为土料黏聚力;ρ_d 为土体干密度。

利用试验数据进行公式拟合可得 $a = 1\,384.37$;$m = -18.593$;$b = -0.818$,即

$$K_d = \frac{1\,384.37 D_{oc}^{-18.593} S^{-0.818}}{\sqrt{C\rho_d}} \tag{5.51}$$

式(5.51)的拟合优度为 0.957,将其预测值与试验所得数据进行比较,如图 5.38 所示。可见公式预测值与试验值也均分布在 45°线左右,对于影响因素众多的筑坝土样来讲,达到了较好的预测效果。

综上所述,对于变角度射流冲刷工况,采用式(5.19),式(5.35),式(5.36),式(5.37)和式(5.49)、式(5.51)进行联合求解,即可对不同土体下的冲蚀速率进行有效估计。

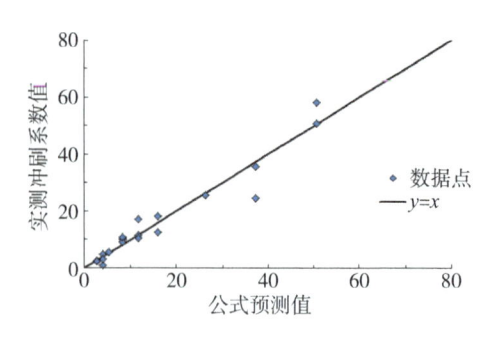

图 5.38　冲刷系数拟合公式预测效果

5.6　本章小结

本章对均质黏性土坝典型坝体材料的综合抗冲蚀特性进行了试验研究探讨，主要成果汇总如下。

（1）对国内外冲蚀试验进行分析总结，研制了黏性土料综合抗冲蚀特性试验装置，可准确获取多角度、大切应力水流条件土体的冲蚀特性，对溃坝发展过程中表面冲刷水流、陡坎冲射水流条件下的坝体材料抗冲蚀特性进行全面研究。

（2）在对我国均质黏性土坝填筑指标进行全面了解的基础上，选取 3 种典型坝体材料开展了起动试验研究。借鉴前人相关成果对黏性土料起动现象进行了分析，采用土体压实度作为主要参数指标，基于力矩平衡原理构建了黏性筑坝材料的微观起动模式；通过开展试验，分析了起动剪切应力与各土质参数之间的相关关系，并在此基础上考虑量纲和谐原理构建了起动剪切应力计算模型，取得了良好的效果。

（3）对 3 种典型坝体土料开展了表面冲刷试验研究，获取了冲蚀速率与土体各物理力学指标之间的相关关系；并引入过度剪切应力的冲蚀速率计算方法，对其中的冲刷系数以及水流有效剪切应力进行了详细的分析探讨，分别建立了有效的预测模型。

（4）开展多角度射流冲刷试验研究，对不同入射角度、压实度、土料等工况下土体的冲蚀特性进行了系统分析；在已有冲蚀模型的基础上，着重对其中的冲刷系数开展分析研究工作，构建了具有物理学意义的预测模型，与试验成果进行对比验证可知,该模型预测精度较高,具有极大的实用价值。

(5) 对比陡坎冲蚀试验中出现的台阶状发展过程与实际溃坝过程中的陡坎现象可知:黏性土坝陡坎式溯源发展过程与坝体的施工工艺——分层碾压存在一定因果关系,需加以重视。

第6章

坝体冲蚀速率综合预测模型的建立及应用

黏性土坝漫顶溃决过程极其复杂,对其进行准确预测存在较大难度[153]。欧盟CADAM项目曾对世界范围内影响较大的溃坝数学模型进行了对比分析,结果表明当前溃坝研究对于溃口水土耦合机制尚不清晰,现存各种预测模型仍存在很大的不确定性[154]。现有土坝溃决数学模型大多借鉴天然河道泥沙输移公式对坝体冲蚀速率进行估计,对其可靠性和精度尚存较多质疑。本章主要在前文研究的基础上对不同水流冲刷模式下土体冲蚀速率预测方法进行系统总结分析,构建较为完善的黏性土坝冲蚀速率综合预测模型;进而建立一个能够对黏性土坝漫顶溃决进行有效模拟的数学模型,为溃坝防洪预警提供技术支持。

6.1 各典型水流形式下冲蚀速率计算方法

土体的抗冲特性不仅与土质自身力学参数关系密切,而且受压实度等外在施工质量因素影响较大,第5章分别针对表面冲刷和多角度射流冲刷作用下坝体材料的综合抗冲蚀特性开展了试验研究,并在分析各影响因素的基础上对冲刷系数、土体起动剪切应力及水流剪切应力等进行了数学建模,采用过度剪切应力模型进行综合分析可获得两种典型水流工况下坝体材料冲蚀速率的计算模型。

6.1.1 表面冲刷冲蚀速率计算模型

引入过度剪切应力的概念对土体冲蚀速率进行计算,如式(5.23)所示,对于表面冲刷形式下冲蚀速率的计算可按照以下步骤开展。

(1) 对于黏性坝体的起动剪切应力,可采用黏土起动-表面冲刷量测系统,开展物理模型试验获取;或直接利用本研究所构建的起动剪切应力计算模型式(5.19)进行计算。

(2) 本研究并未对坝面水流有效剪切应力开展深入研究,在实际应用时,可采用理论分析所得的式(5.25)对坝面水流产生的有效壁面剪切应力进行估计。

(3) 在土体冲蚀速率计算模型中,冲刷系数 K_d 综合表征了土体的抗冲蚀特性,是至关重要的参数之一,基于本研究研究成果,对于冲刷系数可采用式(5.32)或者式(5.34)进行计算。

(4) 将以上计算所得的起动剪切应力、水流有效剪切应力以及冲刷系数代入式(5.23)进行表面冲刷冲蚀速率的最终预测分析。

6.1.2 多角度射流冲刷冲蚀速率模型

多角度冲刷冲蚀速率的计算方法和步骤同表面冲刷工况基本一致,只是在各指标的获取上存在一些差异,具体如下。

(1) 研究发现对某一特定土体,只有一种起动摩阻流速及起动剪切应力,因此,多角度射流冲刷作用下坝体材料的起动剪切应力同样可通过开展相应的起动试验,或直接采用式(5.19)计算获得。

(2) 冲射水流产生的剪切应力会随着冲坑深度的变化而发生改变,本研究未对其展开深入研究,借鉴前人研究成果,水流在射流冲刷作用下的有效剪切应力通过式(5.36)和式(5.37)计算获得。

(3) 采用式(5.49)或式(5.51)对射流冲刷工况下土体的冲刷系数进行估计。

(4) 将以上计算所得的起动剪切应力、水流有效剪切应力以及冲刷系数代入式(5.35)进行多角度射流冲刷冲蚀速率的最终预测分析。

6.2 冲蚀速率综合预测模型的建立

对两种冲刷形式下的冲蚀速率计算模型进行对比分析可以发现,尽管两种不同冲刷模式下土体的冲刷现象和模型中各方程的相应系数存在一定差异,然而其计算形式具有极大的相似性,本节对表面冲刷和多角度冲刷的试验结果进行综合处理,尝试建立一个能够综合反映各种冲刷形式下土体抗冲性能的冲蚀速率预测模型。

6.2.1 剪切应力的计算

6.2.1.1 起动剪切应力 τ_c 的计算

起动剪切应力是土体抗冲蚀特性的关键指标,国内外众多专家学者的研究成果表明,土体的起动由其自身结构特性决定,对于特定的黏性坝体土料,其起动剪切应力应该是一个固定值,而与外在水流条件无关。因此不同水流冲刷形式下土体的起动剪切应力 τ_c 均可采用式(5.19)进行估计。

6.2.1.2 水流有效剪切应力 τ_b 的计算

水流有效剪切应力(壁面剪切应力)是漫顶水流冲蚀主动力的集中体现,在溃坝冲蚀发展过程中随着冲刷形式的变化而不断变化,存在一定的复杂性,本研究在前人研究的基础上进行简单计算模型的构建。对比式(5.25)和式(5.36)、式(5.37),可以发现对于不同的水流冲刷形式,水流有效剪切应力引入了不同的阻力系数,在平面冲刷中,通过引入曼宁公式考虑坝面糙率,而在射流冲刷时,则引入了与冲射水流雷诺数有关的阻力系数以及考虑冲深变化的扩散系数。尽管如此,其均与 ρU^2 成正比例关系。因此,水流有效剪切应力可综合表示为以下形式:

$$\tau_b = \varepsilon \rho U^2 \qquad (6.1)$$

考虑到土坝下游坡面在水流漫顶工况下的冲蚀发展过程与天然河道长期冲刷存在一定的差异,在形成跌坎水流时,通常并不会形成较深的冲刷坑洞,因此可假设在射流冲刷阶段,陡坎水平面上均以最大时均剪切应力进行冲蚀,从而有:

$$\varepsilon = \begin{cases} \dfrac{g}{c^2} & \text{表面冲刷} \\ C_f & \text{陡坎射流} \end{cases} \qquad (6.2)$$

式中:g 为重力加速度;c 为谢才系数,由式(6.3)或式(6.4)进行计算。

$$c = \frac{1}{n} h^{1/6} \tag{6.3}$$

$$c = \sqrt{\frac{8g}{\lambda}} \tag{6.4}$$

其中,h 为坝面水深;λ 为坝面沿程阻力系数。

C_f 为射流阻力系数,联立式(6.1)和式(4.2),并引入试验成果 $h_e \approx 0.475H$,可以得到如下计算表达式:

$$C_f \approx \frac{0.009\,8(H/Z)^{0.411}}{(1.755H/Z + 2)} \tag{6.5}$$

其中,H 为漫顶水深;Z 为陡坎的高度。

同时 C_f 亦可采用 Stein 等[114]提出的计算表达式进行估算,如下所示:

$$C_f = (0.22/8)(q/v)^{-0.25} \tag{6.6}$$

6.2.2 冲刷系数 K_d 的获取

6.2.2.1 不同水流形式下冲刷系数对比

对比相同土样(0.9 压实度)在表面冲刷和陡坎射流冲刷两种不同水流形式下的冲刷系数,如表 6.1 所示,从中可以看出,尽管两种典型冲刷模式在冲刷特性上存在差异,然而其冲刷系数十分接近,基本保持同一量级。据于此,本节尝试建立一个对所有冲刷工况都适用的冲刷系数预测模型。

表 6.1 两种试验条件下平均冲刷系数对比($D_{oc}=0.9$)(单位:$mm^2 \cdot s/kg$)

土样种类	土料 1	土料 2	土料 3
表面冲刷工况	2.466	4.545	5.296
30°冲刷工况	2.493	4.816	—
60°冲刷工况	2.467	1.001	—
90°冲刷工况	2.307	3.082	5.731

6.2.2.2 简单预测模型 K_d-τ_c 的建立

通过第五章黏性筑坝土料冲蚀特性研究可知:在两种不同冲刷形式下,土

体冲刷系数 K_d 与其起动剪切应力 τ_c 之间存在较好的一致相关关系,即冲刷系数与起动剪切应力呈反比例关系,综合整理所有试验数据,将所有试验的冲刷系数与起动剪切应力的关系点绘于图 6.1。

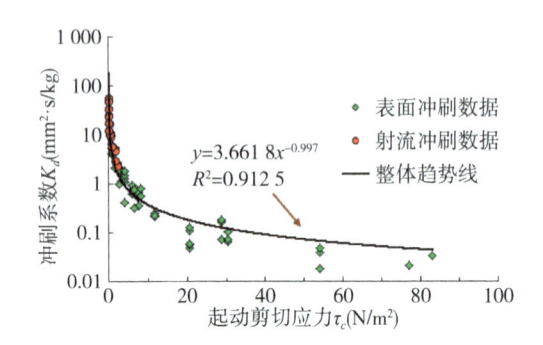

图 6.1 冲刷系数与起动剪切应力关系曲线

从图 6.1 可以看出,冲刷系数与起动剪切应力之间依然存在较好的相关关系,拟合相关关系如式(6.7)所示,其拟合优度相对较好,R^2 为 0.91。因此,对于筑坝黏性土料,其综合冲刷系数可通过该式进行初步估计。

$$K_d = 3.6618\tau_c^{-0.997} \tag{6.7}$$

Hanson 和 Simon[152]曾采用 JET 装置对美国中西部湿陷性黄土河床的土体开展相关的冲蚀试验研究,将其试验数据与本研究试验数据统一点绘至图 6.2 中,如下所示。

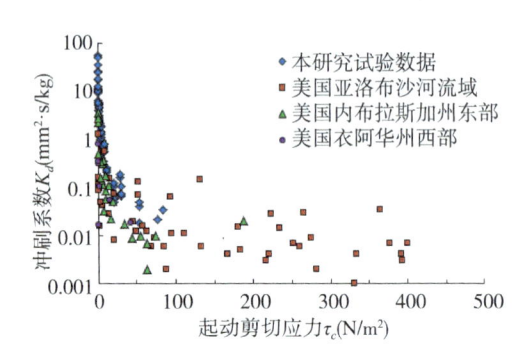

图 6.2 试验成果对比图

从图 6.2 可以看出数据点变化趋势较为一致,存在大范围重合区域。在拟合公式的系数上存在一定差异,造成差异的主要原因可能为:① Hanson 等的研究对象主要针对美国中西部湿陷性黄土河床,其土质与本研究的筑坝黏土料存在较大差异;② Hanson 等采用 JET 试验装置开展冲蚀试验,通过理论计算求得相应的起动剪切应力,与本研究相比,两者在起动剪切应力的获取上可能存在一定的差异;③ 对土的冲蚀特性开展研究涉及水土耦合,受到众多因素的影响,试验数据点本身存在一定的误差。

本研究土料的起动剪切应力通过试验获取,具有较高的可信度。而这种差异同时也说明,尽管起动剪切应力与冲刷系数之间有较好的相关关系,但是若想获取较为准确的 K_d,仅依靠 τ_c 一个指标存在一定的不确定性,需同时加入其他反映土料性质的物理指标参数。

6.2.2.3 具有物理意义的预测模型建立

上文分析了冲刷系数与土料起动剪切应力之间的相关关系,然而在实际分析时需引入更多的土质参数才能对黏性筑坝土料的综合抗冲蚀特性进行全面反映,结合第五章对两种不同水流形式下筑坝土料冲刷特性的相关分析,建立如式(5.33)形式的冲刷系数模型。采用所有试验数据点(去除显著奇异点)对该模型进行回归分析。在公式拟合时首先对方程式两边进行线性化处理,再对变换后的资料数据进行多元回归分析,得到如式(6.8)所示的预测模型,其拟合精度 $R^2=0.89$。

$$K_d = \frac{7065.65 D_{oc}^{-29.58} S^{-1.94}}{\sqrt{\rho_d C}} \quad (6.8)$$

为了对拟合公式的有效性和实用性进行验证,本研究将式(6.7)和式(6.8)预测值与原试验数据点进行统一绘制,如图 6.3 所示。

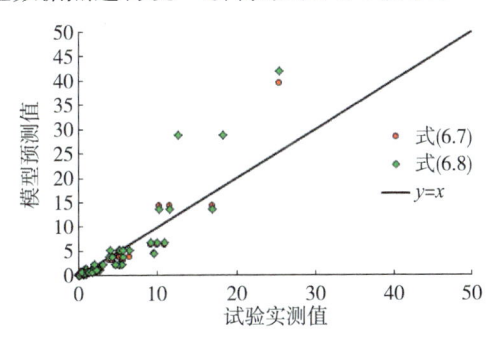

图 6.3 预测模型效果对比分析

从图 6.3 可以看出,当冲刷系数较小时,两个预测模型均能够取得较好的预测效果,而当冲刷系数较大时,其预测结果与实际试验结果存在一定差距。究其原因,该差异极有可能是两种水流形式下冲刷系数的获取方法不同造成。然而从整体来看,绝大多数预测值与试验结果均属同一量级,且较为接近,对于影响因素众多的筑坝土体冲刷特性来讲,可认为达到了较好的预测效果。

6.2.3 冲蚀速率综合预测模型的建立

通过以上两节内容的分析探讨,可以分别获得剪切应力和冲刷系数的预测模型,在此基础上,可以建立较为完善的黏性土坝冲蚀速率综合预测模型,模型的基本形式如式(6.9)所示。

$$E = K_d(\tau_b - \tau_c) \tag{6.9}$$

式中:K_d 为指定坝体材料的冲刷系数;τ_b 为水流产生的有效剪切应力;τ_c 坝体的起动剪切应力。

实际应用时:① 采用式(5.19)对坝体的起动剪切应力进行估计,或开展起动试验获取起动剪切应力;② 采用式(6.1)对不同水流条件下的有效剪切应力进行计算;③ 采用式(6.7)或式(6.8)对坝体冲刷系数进行估计;④ 代入式(6.9)进行坝体冲蚀速率的估计。

本研究冲蚀速率预测模型的建立基于严谨的冲刷特性试验,加入了压实度、黏粒含量、土体干密度、黏性内聚力等代表坝体抗冲性能的参数指标,且在试验过程中综合考虑了溃坝不同水流形式的冲刷水力特性。依据本研究所建模型可对黏性土坝漫顶溃决时的冲蚀速率进行有效估计,进而对整个坝体的溃决发展过程进行模拟。同时,该模型的计算成果可为洪水过程线的推求以及下游洪水演进等数值模拟研究提供精确的上边界。

6.3 基于坝体抗冲蚀特性的溃决过程数值模拟

由于早期对土坝溃决机理认识不足,几乎所有现存溃坝模型均直接采用平原河流泥沙输移公式来对坝体冲蚀速率进行预测。如 Harris-Wagner、BR-DAM 模型采用修正 Schoklitsch 推移质公式;Breach 模型、Nogueira 模型和 Ponce-Tsivoglou 模型采用 Meyer-Peter and Muller 输沙率公式;Lou 模型采用

Duboy 推移质模型及 Einstein 悬移质模型等。然而,漫顶溃决土体冲蚀与一般河流泥沙的冲蚀存在极大区别:① 漫顶溃决过程中坝体土料一般为非饱和土,而河流泥沙输移公式的建立一般在河道饱和土料基础上;② 漫顶水流对坝体的冲蚀速度与水流的输沙能力之间存在一定差别;③ 漫顶溃决的不同阶段,水流流向与冲刷表面的交角是不断变化的(如陡坎射流冲刷),而现存河流泥沙输移公式的建模过程中并未对此加以考虑,大都是在水流流向与土体表面平行的条件下获取的,这大大增加了模型预测的不确定性。

基于以上讨论分析,引入考虑了"表面冲刷水流"和"陡坎冲射水流"两种典型溃坝水流作用的坝体冲蚀速率综合预测模型,尤其是土体冲刷系数计算模型和起动剪切应力计算模型,在现存溃坝数学模型的基础上建立一个专门的黏性土坝漫顶溃决数学模型有望改善溃决冲蚀过程的模拟效果和相关参数的预测精度。

6.3.1　引入坝体材料综合抗冲蚀特性的模型构建

根据本研究的研究成果,结合室内、现场溃坝试验进行分析可知,要建立一个科学合理的土坝漫顶溃决数值模型需妥善解决以下几个关键问题:(1) 需选择正确合理的冲蚀速率计算模型,对溃坝蚀退发展过程中的侵蚀速率进行准确模拟;(2) 模型需能够对溃口发展过程中的边坡失稳塌陷现象进行合理描述;(3) 在坝体溯源发展过程中,尤其当溃口底部发展至坝顶上缘时,可能会出现土体的突发性倾覆坍塌,这种突发性崩塌将会给冲蚀发展过程带来显著影响,合理的数学模型需能够对此现象进行描述。本研究借鉴国内外现存溃坝模型的成功经验,引入坝体材料综合抗冲蚀特性提出了一个可有效描述黏性土坝漫顶溃决发展的数学模型,其主要计算理论如下。

6.3.1.1　溃口水流计算

(1) 溃坝流量计算

假设土坝漫顶时存在初始矩形溃口,则其溃口流量可采用堰流公式进行近似计算,即

$$Q_b = C_1 b (H - H_c)^{3/2} \tag{6.10}$$

式中:Q_b 为溃口流量;C_1 为综合流量系数;b 为溃口宽度;H 为库水位;H_c 为溃口底部高程。

随着冲蚀的不断发展，溃口控制断面形状会逐渐发展为梯形，则此时流量计算可采用修正后的堰流计算公式：

$$Q_b = C_1 b (H-H_c)^{1.5} + C_2 \tan(\frac{\pi}{2}-\theta)(H-H_c)^{2.5} \quad (6.11)$$

采用质量守恒定律，计算入库流量 Q_i、溃口出流量 Q_b、坝顶漫流量 Q_0 和水库水位变化 ΔH 之间的关系，进而确定各时间步的库水位，表达式如下：

$$Q_i - Q_b - Q_0 = S_a \frac{\Delta H}{\Delta t} \quad (6.12)$$

则

$$\Delta H = \frac{\Delta t}{S_a}(Q_i - Q_b - Q_0) \quad (6.13)$$

式中：S_a 为库水位为 H 时的水库水面面积，Δt 为一个时间步长。

(2) 下游冲槽中水流计算

黏性土坝下游坝坡在漫顶水流的冲刷作用下会逐渐形成泄水冲沟，进而发展成陡坎且不断蚀退发展，期间坝体几何结构不断发生变化，从而导致具有强三维特性的复杂水流结构，在进行数学建模时存在极大的模拟难度。因此本研究在对坝体结构变化进行模拟时进行了一定的假设：假定坝体下游坡面在水流作用下形成溃口冲槽并整体蚀退发展，各水流形式的冲蚀特性在冲蚀速率计算模型中加以综合考虑。

鉴于坝体溃口冲槽长度较短、坡度较陡，在数值模拟中可认为冲槽内水流为准稳态均匀水流，则冲槽内水流流量可用曼宁开口河渠流量方程式确定，如下所示：

$$Q_b = \frac{S^{1/2} A^{5/3}}{n p^{2/3}} \quad (6.14)$$

式中：A 为过水断面面积；p 为湿周；n 为曼宁系数；S 为河渠坡度。

当冲槽截面为矩形时，假设下游冲槽内水力半径等于其水深，则冲槽内水深 y_n 可由下式计算：

$$y_n = \left(\frac{Q_b n}{b S^{1/2}}\right)^{3/5} \quad (6.15)$$

而当冲槽在水流冲刷作用下演变为梯形截面时,则采用 Newton-Raphson 迭代法对水深 y_n 进行计算,具体计算方法如下:

$$y_n^{k+1} = y_n^k - \frac{f(y_n^k)}{f'(y_n^k)} \tag{6.16}$$

式中:$f(y_n^k)$ 由式(6.17)求得。

$$f(y_n^k) = Q_b P^{2/3} - \frac{S^{1/2} A^{5/3}}{n} \tag{6.17}$$

其中:$A = 1/2(B_{uk} + B_{mk})y_n^k$($B_{uk}$、$B_{mk}$ 分别为第 k 次迭代计算时溃口顶部与底部宽度);$B_{uk} = B_{mk} + 2y_n^2 \tan\alpha$;$P = B_{mk} + 2\dfrac{y_n^k}{\cos\alpha}$。

$f'(y_n^k)$ 由 $f(y_n^k)$ 求导获得,表示如下:

$$f'(y_n^k) = \frac{2}{3}Q_b P^{-1/3} P' - \frac{5}{3}\frac{S^{1/2} A^{2/3}}{n} A' \tag{6.18}$$

式中:k 表示迭代次数。直到 $|y_n^{k+1} - y_n^k| < \varepsilon$ 时迭代结束(ε 为允许误差),获得相应的水深 y_n。

6.3.1.2 坝体冲蚀速率计算

试验研究表明,坝体材料抗冲蚀特性对冲蚀速率影响甚大,是影响黏性土坝溃决发展过程的首要因素之一。因此引入本研究所建冲蚀速率综合预测模型——式(6.9)对溃坝过程进行预测模拟。其中筑坝土料起动剪切应力采用式(5.19)进行计算,冲刷系数采用式(6.7)或式(6.8)进行计算。根据上节中关于坝面水流的处理方法,在数值模拟中将下游冲槽中的漫顶水流视为陡坡准稳态均匀水流,采用式(6.1)并引入曼宁公式对其有效剪切应力进行估计。

在数学模型计算过程的每个时间步内均对纵向刷深值进行计算,同时假定下游坡冲槽横向连续冲蚀速率等于纵向连续冲蚀速率,于是有:

$$\Delta b = 2\Delta d \tag{6.19}$$

其中,Δb 和 Δd 分别为一个时间步长内坝体纵向刷深值和横向扩展值。

6.3.1.3 蚀退过程中的突发性坍塌

在水流对坝体的冲蚀过程中,随着坝体纵向蚀退,其上部土体越来越窄,有可能会在上游水压力的作用下发生突发性滑移坍塌。假设坍塌块体如图 6.5

所示,则在临界状态时,坍塌块体的受力状况可由下式表示:

$$F_w = F_{sb} + F_{ss} + F_{cb} + F_{cs} \quad (6.20)$$

式中:F_w 为上游水体施加的压力;F_{sb} 为块体底部的剪切力;F_{ss} 为块体两侧边壁的剪切应力总和;F_{cb} 为块体底部的黏结力;F_{cs} 块体两侧边壁黏结力总和。

在式(6.20)中,当方程式左边作用力大于右边时,则会发生块体的坍塌,造成溃口的突然增大。在数学模型中,建立块体高度 Y_c 与各作用力之间的相关关系,若将第一个试验值代入,方程式左边不大于右边,则不会发生坍塌,若满足坍塌条件,则 Y_c 会以一个固定值循环递增,直至式(6.20)左边不再大于右边,块体以此时的高度 Y_c 坍塌,造成溃口突然增大。

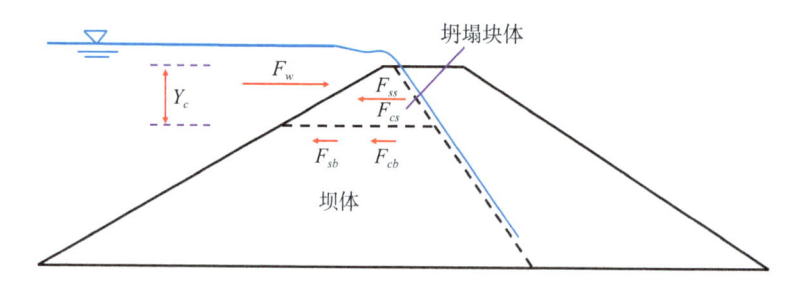

图 6.5　坝体上部崩塌块体受力示意图

6.3.1.4　坝体横向扩展坍塌模式

溃口横向扩展是坝体溃决发展的重要组成部分,间歇式坍塌模式的合理构建是对溃坝过程进行准确模拟的前提。本研究假定坝体初始溃口为矩形,经过漫顶水流的不断侵蚀,溃口发生垂向下切和横向扩展,当溃口深度 ΔH_c 刷深至某一临界深度 H_r 时,由于边坡失稳便会发生间歇性的坍塌扩展现象,如图 6.6 所示。

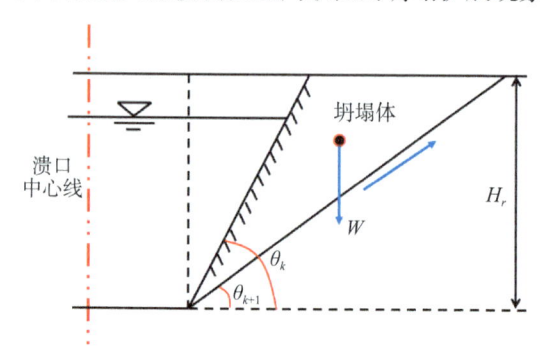

图 6.6　溃口边坡失稳塌陷示意图

对于如图 6.6 所示坍塌体，当刚达到临界深度 H_r 时，根据力的平衡原理，可有：

$$W\sin\theta_{k+1} = C\frac{H_r}{\sin\theta_{k+1}} + W\cos\theta_{k+1}\tan\varphi \quad (6.21)$$

式中：W 为坍塌体重量；C 为坝体黏结强度；φ 为坝体内摩擦角；θ_{k+1} 为边坡坡角。

坍塌体的重量可由式(6.22)求得：

$$W = \frac{1}{2}\gamma\frac{H_r^2}{\sin\theta_k\sin\theta_{k+1}}\sin(\theta_k - \theta_{k+1}) \quad (6.22)$$

式中：γ 为土体重度；H_r 为冲刷临界深度。

将式(6.21)代入式(6.22)中，并假设 $\theta_{k+1} = \frac{1}{2}(\theta_k + \varphi)$，于是可得出冲刷临界深度的计算表达式如下：

$$H_r = \frac{4C\sin\theta_k\cos\varphi}{\gamma[1 - \cos(\theta_k - \varphi)]} \quad (k = 1, 2, 3, \cdots) \quad (6.23)$$

6.3.1.5 模型计算方法

本节通过引入前文所建冲蚀速率综合预测模型，采用迭代计算方法构建了一个黏性土坝漫顶溃决发展数值模型。给定相应的初始条件、边界条件和基本特征参数，便可求解出黏性土坝溃决发展过程和洪水流量过程。具体计算步骤如下：

(1) 输入坝体基本特征参数，包括坝体具体几何形状，上、下游坡度，筑坝材料的物理力学指标（d_{50}、C、φ、γ 等），水库水位面积曲线，初始溃口宽度等；

(2) 给定合理的时间步长 Δt；

(3) 估算初始单位时间步长 Δt 内溃口冲蚀深度增量 $\Delta H_c'$ 和水库水面高程增量 $\Delta H'$，进而计算溃口底部高程 H_c 和库水位 H；

(4) 估算溃口流量 Q_b' 以及水库水面高程增量 ΔH，重新计算获取水库水面高程 H；

(5) 重新计算溃口流量 Q_b，进而计算下游冲槽水深 y_n、土体冲刷量 Q_s、以及溃口断面面积 A 等；

(6) 利用求得的土体冲刷量 Q_s 重新计算 ΔH_c，若 $(\Delta H_c' - \Delta H_c)/\Delta H_c <$

ε(ε 为允许误差),则进一步计算 Q_s、Q_b;否则需重新计算 ΔH_c 和 ΔH;

(7) 进行坍塌校核;

(8) 进入下一迭代步,继续估算 $\Delta H_c'$ 和 $\Delta H'$,循环计算直至达到给定的计算历时 t_c,最后输出流量水位过程线图以及最终溃口几何形状尺寸(溃口深度、溃口顶宽、溃口底宽等)。

6.3.2 坝体溃决冲蚀过程预测模拟

6.3.2.1 大洼水库自然溃决过程模拟

1) 水库基本资料

大洼水库位于安徽省滁州市南谯区花山镇,处在城西水库上游,属于长江流域滁河水系清流河支流,控制流域面积达 2.71 km²,灌溉面积约 300 亩。其地理位置如图 6.7 所示。水库大坝为黏性均质土坝,正常蓄水位 44.37 m,总库容 10 万 m³,是一座以灌溉为主的小(2)型水库。水库坝高 9.7 m,大坝总长 120 m,坝顶宽 3 m,上游坝坡 1∶2,下游为 1∶2 至 1∶3 的变坡,溢洪道位于大坝右侧(宽 5 m),左侧有放水涵洞(孔径 0.3 m)。坝体填筑料主要为粉质黏土,含水率 28.55%,凝聚力 39.5 kPa,黏粒含量 33%。由于水库大坝为当地农民自行填筑,坝体整体压实度偏低,仅为 90% 左右。2008 年汛期,突如其来的强暴雨导致水库漫顶而溃决。

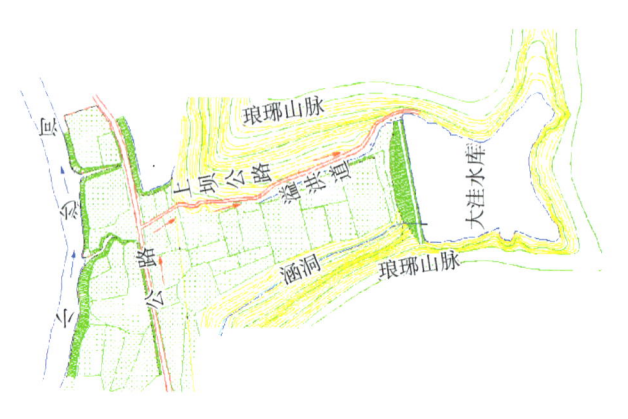

图 6.7 大洼水库地理位置图

2008 年 8 月 1 日,水库遭遇汛期强降雨,库水位涨势迅猛,在暴雨开始时(1 日 7:30 左右),库水位基本维持在正常蓄水位,上午 10:00 开始显著上涨,至 12:30 左右库水位超过坝顶缺口底高程发生漫顶,尽管此前泄水涵洞已开启,然而由于过流量较小,水位仍不断上升,最终导致坝体溃决。溃口在 1 日下午 14:20 左右基本成型,溃后估算溃口峰值流量约为 40 m³/s,实际溃口宽度 5.1 m,溃口最大深度 4.8 m,溃后现场如图 6.8 所示。

图 6.8　大洼水库溃后现场

2) 模拟结果对比分析

代入坝体基本特征参数,利用本研究所建模型对坝体自然溃决过程进行数值模拟,结果对比如下。

(1) 关键特征参数对比

表 6.2　关键参数模拟结果与实际情况对比

工况	峰值流量(m³/s)	峰值流量出现时间(min)	溃口顶宽(m)	溃口深度(m)
实际情况	40(溃后估计)	90(溃后调研)	5.10	4.80
模拟结果	38.43	81.18	3.96	4.62
相对误差(%)	−3.93	−9.8	−22.35	3.75

表 6.2 将数值模拟结果与自然溃决过程的关键参数进行了对比验证,从中可以看出,数学模型对溃口峰值流量、峰值流量发生时间和溃口深度的预测均取得了良好的效果,而对于溃口宽度的模拟与实际情况尚存在一定的差异。然而从整体来看,数值模拟结果与现场实测数据吻合较好,模型对于大洼水库漫

顶溃决过程进行了较为合理准确的模拟。

（2）溃口流量过程

图 6.9 为采用本研究所建数学模型对大洼水库自然溃决溃口流量过程的模拟结果，从中可以看出溃口流量呈现"单峰"形式，峰值流量 38.43 m³/s，出现在漫顶后 1.35 h，对应于实际时间为 8 月 1 日下午 1:50，这与溃决时现场目击者所反映的峰值流量出现时间段（下午 2 点左右）较为吻合。

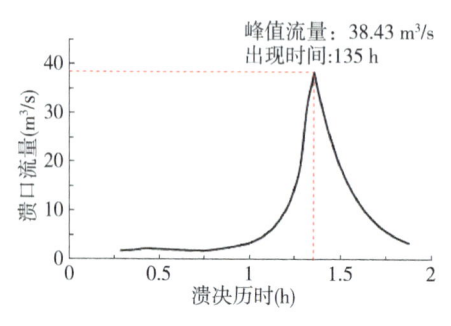

图 6.9 溃口流量过程

（3）溃口底高程下降过程

图 6.10 给出了大洼水库自然溃决时坝体溃口底高程下降过程，从中可以看出，在库水位漫过坝顶初始缺口（宽 1.3 m×深 1.1 m）底高程的较长一段时间内，坝顶高程基本不变，约 45 min 后溃口底高程开始下切，直至最终溃口底高程位置。溃口最终深度 4.62 m，与实际情况相差不大。

（4）溃口顶部宽度扩展过程

图 6.11 为数模计算所得的溃口顶部宽度扩展过程图，从中可以看出，坝体溃口的横向扩展以突发性扩展为主要形式，在溃决前期的较长时间溃口宽度维持在初始缺口宽度不变，在某一时刻（漫顶后 1 h 左右）开始迅速增大至最终状态。计算最终溃口宽度 3.96 m，较量测的实际宽度 5.1 m 稍小。然而由于黏性土坝漫顶溃决过程本身存在较大的随机性，可认为本研究所建数学模型对于溃口顶部宽度的扩展过程进行了较好的模拟。

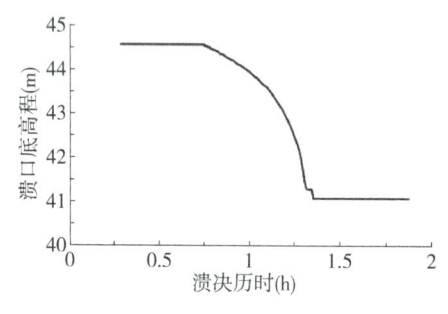

图 6.10 溃口底高程下降过程

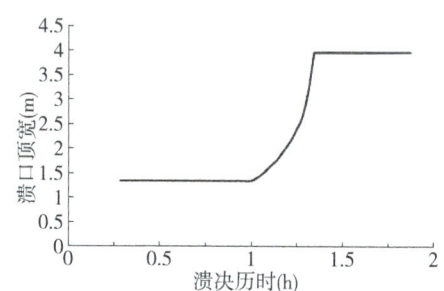

图 6.11 溃口顶部宽度扩展过程

综合以上分析可知，尽管数值模拟成果与实际溃决过程存在一定的差异，但是总体而言，两者成果较为吻合，对洪水峰值流量及其到达时间等关键指标进行了合理预测，表明本研究所采用的模拟方法能够较为合理地对黏性土坝漫顶溃决发展过程进行模拟。

6.3.2.2 现场大比尺溃坝试验过程

南京水利科学研究院自 2008 年开始便开展了系统的大比尺溃坝试验研究，对黏性土坝的溃决机理进行了深入的探讨，试验地点依旧选在安徽省滁州市大洼水库（南京水利科学研究院滁州试验基地内）。现场大比尺溃坝模型平面布置如图 6.12(a)所示。水库通过总装机 55 kW 的泵站从下游河道抽水为试验提供必要的水源。坝体下游坡面绘制有 1 m×1 m 的网格，利用图像分析技术通过高清 CCD 摄像机实时记录溃口横向扩展过程，如图 6.12(b)所示；纵向下切过程则采用自行研制的"埋入式现场溃坝试验计时器"进行记录；溃口流量过程通过水位压力传感器实时测量的水位利用水位库容曲线计算获得。行洪区洪水演进过程则通过在行洪区内设置水尺，并用 CCD 记录水尺水位。

(a) 现场大比尺溃坝试验平面图　　(b) 坝体溃决前 1 m×1 m 网格

图 6.12　现场溃坝试验平面布置及试验坝体网格绘制

1) 试验工况简介

现场大比尺溃坝试验利用现有大洼水库，在每次试验开展前对水库大坝进行重新填筑。坝体设计为黏性均质土坝，最大库容 10 万 m³，大坝总长 120 m，坝高 9.7 m，坝顶宽 3 m。坝顶高程 45.7 m，正常蓄水位高程 44.37 m，坝体上游坝坡为 1∶2，下游则为 1∶2 至 1∶3 的变坡。初始时刻在坝顶中部预设 1.5 m×1.3 m（宽×深）的引冲槽，下游清流河支流为试验提供了充足的水源和洪水宣泄场地。选取两组典型试验组次进行模拟验算，其基本参数如表 6.3 所示。

表 6.3　坝体材料基本参数表

试验组次	最大干密度 (g/cm³)	压实度	含水率(%)	黏聚力 (kPa)	内摩擦角(°)
1	1.71	0.96	18.94	12.0	26.00
2	1.73	0.97	19.42	9.3	28.25

试验组次 1 溃决过程如图 6.13 所示。打开引冲槽阀门后，水流迅速下泄，在溃口上游侧很快形成了一个大的喇叭状口门。溃口流量过程线总体呈三角形，峰值流量约为 80 m³/s，出现在 11 min 左右，而坝体的横向扩展及纵向下切过程在 20 min 左右基本结束，坝顶溃口最大宽度为 17.53 m，溃口深度约为 4.89 m。

0 min

5 min

10 min

15 min

图 6.13　试验组次 1 坝体溃决过程

试验组次 2 溃决过程如图 6.14 所示。整个发展过程同样较为迅速，溃口流量过程线仍然呈现明显的"单峰"形式，溃口峰值流量为 47.02 m³/s，出现在 12 min 左右，坝体的横向扩展及纵向下切过程在 25 min 左右基本结束，坝顶溃口最大宽度为 18.95 m，溃口深度约为 4.6 m。

| | | 0 min | | 5 min | |

| | | 10 min | | 15 min | |

图 6.14 试验组次 2 坝体溃决过程

2）试验组次 1 模拟结果分析

（1）关键特征参数对比

表 6.4 试验组次 1 关键参数模拟结果与原型试验值对比

工况	峰值流量(m^3/s)	峰值流量出现时间(min)	溃口顶宽(m)	溃口深度(m)
原型试验	80.15	11.10	17.53	4.89
数值模拟	79.57	11.78	21.45	5.01
相对误差(%)	−0.72	6.13	22.36	2.45

表 6.4 将试验组次 1 关键特征参数数值模拟结果与原型试验值进行了对比验证，从中可以看出，本研究所建数学模型对溃口峰值流量、峰值流量发生时间和溃口深度的预测均取得了良好的效果，而模拟溃口宽度与试验结果尚存在一定的差异。然而从整体来看，数值模拟结果与现场试验数据吻合较好，对溃决过程极其复杂的黏性土坝漫顶溃决过程进行了较为合理准确的模拟。

（2）溃口流量过程线对比

图 6.15 将数模溃口流量过程与原型试验成果进行对比，从中可以看出数

值模拟结果呈现"单峰"形式,峰值流量约为 80 m³/s,与原型试验成果较为一致。所不同的是,数模结果在峰值流量到达之前存在几次较小的流量突变,如图中折线所示,这是由在溃口发展过程中的小规模坍塌所致,尽管与实测数据点有所出入,然而在定性上仍是合理的。

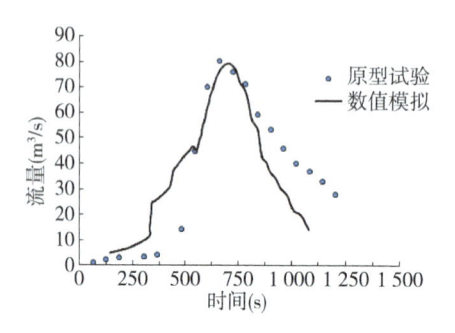

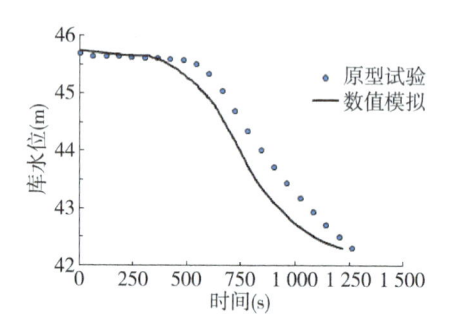

图 6.15　试验组次 1 溃口流量过程线对比　　图 6.16　试验组次 1 库水位下降过程线对比

(3) 水库水位下降过程线对比

图 6.16 给出了原型试验与数值模拟中库水位下降过程,从中可以看出,数模计算中库水位迅速下降时间要比实际试验过程略早一些,与溃口流量过程进行对比可知,这种现象仍是由溃决前期的小规模坝体坍塌所导致。坝体的坍塌导致溃口流量突然增加的时刻比实际要早,从而使得数值模拟库水位下降过程比原型试验结果要略提前,然而从图 6.16 中可以看出,其整体下降过程较为一致,最终达到了较为相近的库水位。

(4) 溃口顶部宽度扩展对比

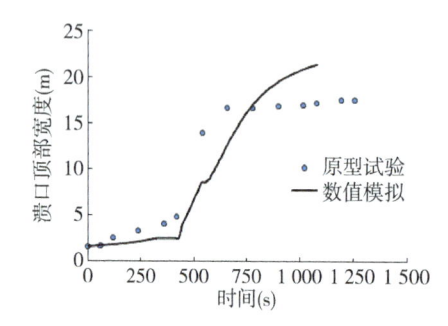

图 6.17　试验组次 1 溃口顶部宽度扩展对比

图 6.17 将溃口顶部宽度扩展过程的数值模拟结果与原型试验成果进行了对比,从中可以看出两者均存在一个突然增大的过程,表明所建数学模型对坝体溃决发展过程中的横向大规模坍塌扩展进行了有效的模拟,然而对于最终溃口宽度的模拟则与试验成果相差较大。这种现象的产生说明本研究所采用的坝体坍塌概化模型与实际溃决发展过程尚存在一定

的差异,然而由于黏性土坝漫顶溃决过程本身存在较大的随机性,因此可认为本研究所建数学模型对于溃口顶部宽度的扩展过程进行了较好的模拟。

3)试验组次2模拟结果分析

(1)关键特征参数对比

表6.5 试验组次2关键参数模拟结果与原型试验值对比

工况	峰值流量(m^3/s)	峰值流量出现时间(min)	溃口顶宽(m)	溃口深度(m)
原型试验	47.02	12.00	18.95	4.60
数值模拟	59.86	14.06	19.62	4.86
相对误差(%)	27.31	17.17	3.54	5.65

表6.5将试验组次2关键特征参数数值模拟结果与原型试验值进行了对比验证,从中可以看出:在整体上,数值模拟结果与现场试验数据吻合良好,呈现出了较为一致的溃决参数特征;而在溃口峰值流量和峰值流量发生时间的预测上存在一定偏差,鉴于土坝溃决过程受多种因素影响,存在较大的随机性,可认为存在该种程度的偏差仍是合理的。

(2)溃口流量过程线对比

图6.18将数模溃口流量过程与原型试验成果进行对比,从中可以看出数值模拟结果整体呈现"单峰"形式,峰值流量约为60 m^3/s,与原型试验成果存在一定的偏差。另外由于溃口发展过程中的小规模坍塌,导致流量过程线在峰值流量到来之前存在一定的波动。尽管如此,数模结果在定性上仍是较为合理的。

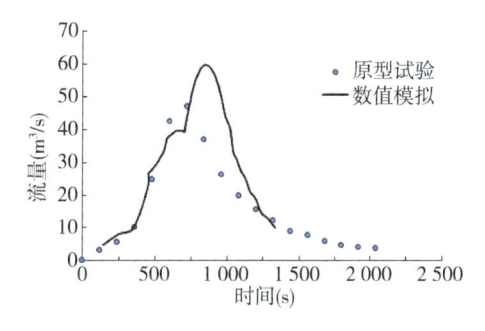

图6.18 试验组次2溃口流量过程线对比

(3) 水库水位下降过程线对比

图 6.19 给出了原型试验与数值模拟中库水位下降过程,从图 6.19 中可以看出,数模计算中库水位下降速度较实际试验过程要大。这与溃口流量变化过程相一致,而该种现象的产生源于数模计算中对坍塌过程的模拟要比实际溃坝发展剧烈。然而从整体来看,两者下降趋势较为一致,可认为数学模型对土坝溃决过程进行了较好的模拟。

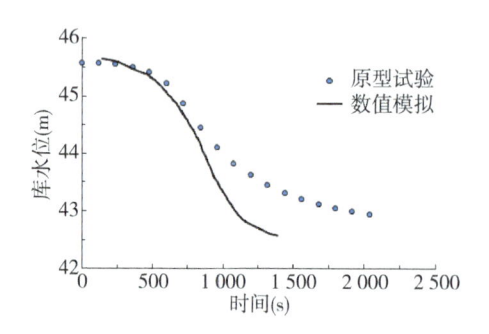

图 6.19 试验组次 2 库水位下降过程线对比

(4) 溃口顶部宽度扩展对比

图 6.20 将溃口顶部宽度扩展过程的数值模拟结果与原型试验成果进行了对比,从中可以看出两者均存在一个突然增大的过程,表明所建数学模型对坝体溃决发展过程中的横向大规模坍塌扩展进行了有效的模拟,且对于该组次试验工况,数模最终溃口宽度与实际试验较为接近,表明本研究所建数学模型具有较好的评估模拟能力。

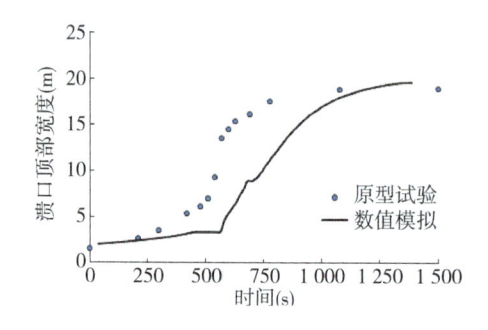

图 6.20 试验组次 2 溃口顶部宽度扩展对比

综上所述，本研究所建数学模型能够对现场原型溃坝试验进行较为准确的模拟预测，所得关键指标与试验成果基本吻合，表明所建数学模型及所采用的模拟方法科学合理。而这一成果亦可表明本研究所建冲蚀速率综合预测模型具有较好的模拟效果和应用价值。

6.3.2.3 同现有溃坝数学模型的对比

本节采用目前世界范围内具有较大影响力的几种溃坝数学模型对上述现场原型试验进行溃决模拟，开展对比分析。其中BREACH(Fread)模型为美国国家气象局Fread系列数学模型之一；HR-BREACH模型为2002年英国HR Wallingford公司开发的溃坝模型；WinDAM B模型为2011年美国农业部和堪萨斯州立大学联合开发的计算模型。

1) 模型简介

(1) BREACH(Fread)模型

BREACH(Fread)溃坝模型由美国国家气象局的Fread所提出，该模型由于能够对漫顶和管涌两种溃决模式进行计算，且综合考虑了溃口间歇性横向扩展以及溃口上游坝体的突发性崩塌而被广泛应用于溃坝过程的模拟。模型不考虑陡坎发展形式，采用修正的Meyer-Peter和Muller输沙率公式对溃口冲蚀速率进行估计，在计算开始时假定一定宽度的矩形溃口，随着冲深的发展逐渐演变，溃口失稳塌陷的临界深度与坝体材料的土力学参数密切相关。

(2) HR-BREACH模型

HR-BREACH模型为2002年英国HR Wallingford公司的Mohamed等开发的溃坝模型，该模型可分别对均质土坝、黏土心墙坝的漫顶和管涌溃决过程进行模拟。模型同样假设初始溃口为矩形，在溃口发展时，仅溃口底宽和深度逐渐增大，而溃口顶宽在边坡失稳前保持不变。对于土坝漫顶溃决，该模型假设了两种溃决发展模式——考虑陡坎的发展过程和无陡坎发展过程，并在坝体冲蚀量计算时引入了多种计算方法，包括Meyer-Peter和Muller输沙率公式、Hanson冲蚀公式等。

(3) WinDAM B模型

WinDAM B模型是WinDAM模型开发计划的一部分，由美国农业部和堪萨斯州立大学于2011年联合开发，至今仍在不断完善中。该模型主要用来对过坝洪水过程进行估计，并可同时对坝体冲蚀发展过程及溢洪道等附属设施的侵蚀破坏进行模拟。模型设计为简化的陡坎发展模型,只针对均质土坝及其附属设施的漫顶侵蚀进行模拟,且不考虑坝脚侵蚀。模型中溃口流量采用堰流公式进行计算。

2)试验组次1模拟结果对比分析

(1)关键特征参数对比

表6.6 各数学模型计算结果对比(试验组次1)

工况	峰值流量(m^3/s)	峰值流量出现时间(min)	溃口顶宽(m)	溃口深度(m)
原型试验	80.15	11.10	17.53	4.89
本研究数值模型	79.57	11.78	21.45	5.01
BREACH(Fread)模型	122.75	33.78	14.97	9.18
HR-BREACH无陡坎模型	107.50	7.50	13.98	6.54
HR-BREACH陡坎模型	114.00	20.87	21.83	8.8
WinDAM B模型	162.39	20.10	17.5	8.97

(2)溃口流量过程线对比

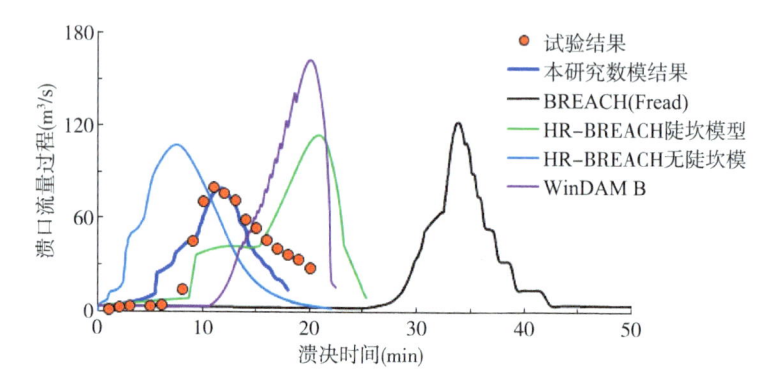

图6.21 各数学模型溃口流量过程线对比

（3）水库水位下降过程线对比

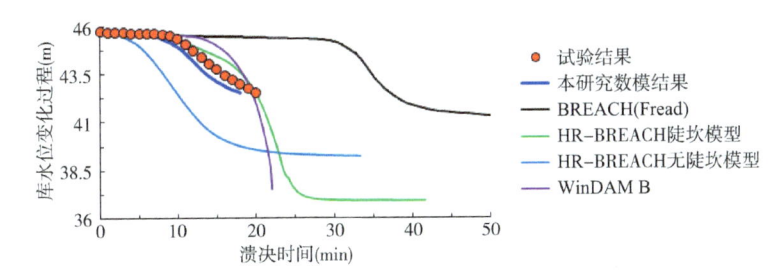

图 6.22　各数学模型库水位下降过程线对比

（4）溃口顶部宽度扩展对比

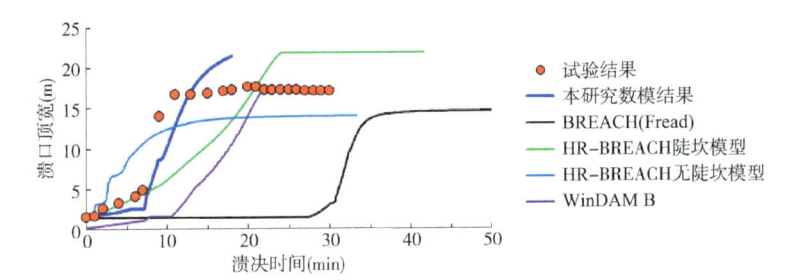

图 6.23　各数学模型溃口顶部宽度扩展对比

3）试验组次 2 模拟结果对比分析

（1）关键特征参数对比

表 6.7　各数学模型计算结果对比（试验组次 2）

工况	峰值流量 （m³/s）	峰值流量出现 时间（min）	溃口顶宽（m）	溃口深度（m）
原型试验	47.02	12.00	18.95	4.60
本研究数值模型	59.86	14.06	19.69	4.86
BREACH(Fread)模型	154.36	9.00	15.73	9.23
HR-BREACH 无陡坎模型	34.57	14.87	8.66	4.90
HR-BREACH 陡坎模型	141.21	18.40	22.44	9.11
WinDAM B 模型	122.34	21.90	16.03	8.46

（2）溃口流量过程线对比

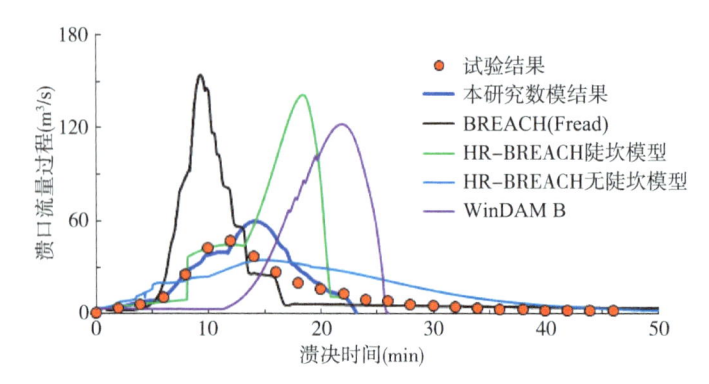

图 6.24　各数学模型溃口流量过程线对比

（3）水库水位下降过程线对比

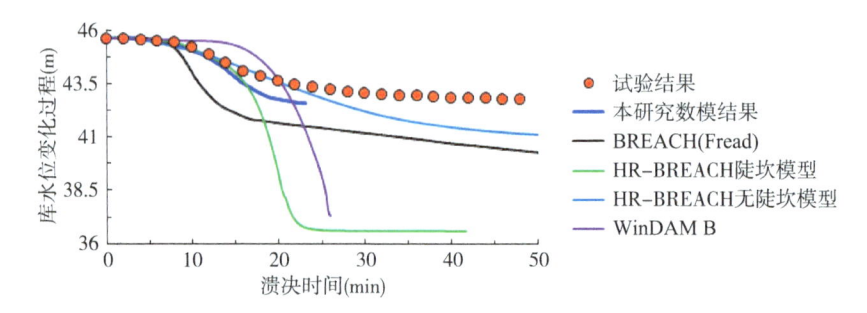

图 6.25　各数学模型库水位下降过程线对比

（4）溃口顶部宽度扩展对比

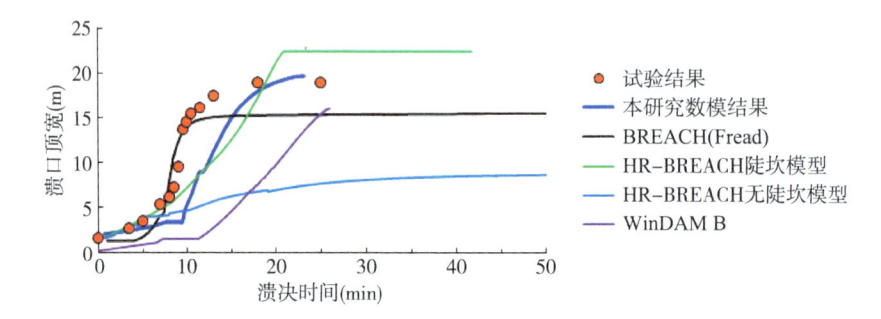

图 6.26　各数学模型溃口顶部宽度扩展对比

综合以上对比分析结果可知，现存各模型均能够对溃坝过程中出现的"单峰"流量过程以及突发性横向扩展过程进行较为合理的模拟，但针对特定的工况，各预测模型的模拟效果存在较大差异，限于数学模型中各假设的局限性以及溃坝事件自身的随机性，各数学模型对溃决参数的预测均存在较大偏差，误差甚至可达200%以上，总体来看，本研究所建数学模型对各工况的模拟效果相对较为理想。

6.4 本章小结

本章在坝体材料综合抗冲蚀特性试验研究成果基础上，对黏性土坝漫顶溃决冲蚀速率进行预测分析。

（1）对剪切应力和冲刷系数的计算方法进行了总结分析，分别针对表面冲刷和陡坎射流工况建立了相应的冲蚀速率预测模型，并给出了详细开展步骤。

（2）对比分析两种不同冲刷模式下土体抗冲蚀特性异同点，建立了能够较好适用于各种水流工况的冲蚀速率预测模型。

（3）坝体材料的抗冲蚀性能直接影响黏性土坝漫顶溃决发展过程，引入冲蚀速率综合预测模型，采用迭代算法建立了一个土坝溃决发展数学模型。模型考虑了上游水库来流过程、筑坝材料抗冲蚀特性等多方面因素，并对坝体纵向发展过程中的突发性坍塌以及横向间歇性坍塌扩展过程进行了模拟。通过对大洼水库自然溃决案例及现场大比尺实体溃坝试验进行数值模拟，得到该模型能够对黏性土坝整个溃决过程进行有效模拟的结论。

参考文献

[1] 中华人民共和国水利部,中华人民共和国国家统计局. 第一次全国水利普查公报[M]. 北京:中国水利水电出版社,2013.

[2] 胡四一. 确保水库大坝安全 意义重大 任务艰巨[J]. 中国水利,2008(20):4-5.

[3] 何晓燕,王兆印,黄金池. 中国水库溃坝空间特征分析[J]. 灾害学,2008,23(2):1-4.

[4] 祝龙,王晓刚,宣国祥,等. 判别分析法在土石坝稳定性快速判别中的应用[J]. 水利水电科技进展,2012,32(3):39-42+88.

[5] MILLY P, WETHERALD R, DUNNE K, et al. Increasing Risk of Great Floods in a Changing Climate[J]. Nature, 2002, 415:514-517.

[6] KUNDZEWICZ Z W. Climate Change and Floods[J]. Bulletin of WMO, 2006, 55(3):170-173.

[7] 解家毕,孙东亚. 全国水库溃坝统计及溃坝原因分析[J]. 水利水电技术,2009,40(12):124-128.

[8] SINGH V P. Dam Breach Modeling Technology[M]. Berlin:Springer, 1996.

[9] LOUKOLA E, REITER P, SHEN C, et al. Embankment Dams and their Foundation:Evaluation of Erosion[C]. Proc. Int. Workshop on

Dam Safety Evaluation:Grindewald,Switzerland,1993.

[10] 汝乃华,牛运光. 土石坝的事故统计和分析[J]. 大坝与安全,2001,1(1):31-37.

[11] 张利民,徐耀,贾金生. 国外溃坝数据库[J]. 中国防汛抗旱,2007(S1):2-7+12.

[12] WU W. Earthen Embankment Breaching[J]. Journal of Hydraulic Engineering, 2011, 137(12):1549-1564.

[13] SINGH V P, SCARLATOS P D. Analysis of Gradual Earth-Dam Failure[J]. Journal of Hydraulic Engineering,1988,114(1):21-42.

[14] BROWN C A, GRAHAM W J. Assessing the Threat to Life From Dam Failure[J]. Journal of the American Water Resources Association,1988,24(6):1303-1309.

[15] 李云,宣国祥,王晓刚. 大坝溃决大比尺物理模型试验研究[R]. 南京:南京水利科学研究院,2006.

[16] 朱勇辉,廖鸿志,吴中如. 国外土坝溃坝模拟综述[J]. 长江科学院院报,2003,20(2):26-29.

[17] 顾淦臣. 国内外土石坝重大事故剖析——对若干土石坝重大事故的再认识[J]. 水利水电科技进展,1997(1):13-20.

[18] HE X Y, WANG Z Y, HUANG J C. Temporal and Spatial Distribution of Dam Failure Events in China[J]. International Journal of Sediment Research,2008,23(4):398-405.

[19] 李云,宣国祥. 坝体冲蚀速率断面模型试验报告[R]. 南京:南京水利科学研究院,2010.

[20] 朱勇辉,VISSER P J,VRIJLING J K,等. 堤坝溃决试验研究[J]. 中国科学(技术科学), 2011,41(2):150-157.

[21] YU M, WEI H, LIANG Y, et al. Investigation of Non-Cohesive Levee Breach by Overtopping Flow[J]. 水动力学研究与进展:英文版,2013,25(4):572-579.

[22] 陈生水,钟启明,陶建基. 土石坝溃决模拟及水流计算研究进展[J]. 水科学进展, 2008, 19(6):903-910.

[23] WU W. Simplified Physically Based Model of Earthen Embankment Breac-

hing[J]. Journal of Hydraulic Engineering,2013,139(8):837-851.

[24] 陈生水. 土石坝溃决机理与溃坝过程模拟[M]. 北京:中国水利水电出版社,2012.

[25] MORRIS M W, HASSAN M, VASKINN K A. WP2_II Detailed Technical Report 4[R]. London:HR Wallingford,2009.

[26] MORRIS M. Breaching of Earth Embankments and Dams[D]. London:The Open University, 2011.

[27] ZHU Y, VISSER P J, VRIJLING J K, et al. Experimental Investigation On Breaching of Embankments[J]. Science China Technological Sciences,2011,54(1):148-155.

[28] 李云,王晓刚,宣国祥,等. 均质土坝漫顶溃坝模型相似准则研究[J]. 水动力学研究与进展,2010,25(2):270-276.

[29] LI J, LI Y, XUAN G, et al. Experimental Design and Preliminary Study of Overtopping Breaking of Non-Cohesive Homogeneous Embankments[C]. International Conference On Dam Safety Management, Nanjing,2008:215-220.

[30] 段文刚,杨文俊,王思莹,等. 无黏性土坝漫顶溃决过程及机理研究[J]. 长江科学院院报,2012,29(10):68-72.

[31] MORRIS M W, HASSAN M, VASKINN K A. Conclusions and Recommendations From the IMPACT Project WP2:Breach Formation [R]. Technical Report of HR Wallingford,2005.

[32] 李云,李君. 溃坝模型试验研究综述[J]. 水科学进展,2009,20(2):304-310.

[33] ROBINSON K M, HANSON G J. Head-Cut Erosion Research[C]. Proceedings Of The Seventh Federal Interagency Sedimentation Conference,United States,2001.

[34] HANSON G J, COOK K R, HUNT S L. Physical Modeling of Overtopping Erosion and Breach Formation of Cohesive Embankments[J]. Transactions of the ASAE,2005,48(5):1783-1794.

[35] WAHL T L, HANSON J, COURIVAUD J R, et al. Development of Next-Generation Embankment Dam Breach Models[J]. 2008:767-779.

[36] ZHANG J, LI Y, XUAN G, et al. Overtopping Breaching of Cohesive

Homogeneous Earth Dam with Different Cohesive Strength[J]. Science in China Series E: Technological Sciences, 2009, 52(10):3024-3029.

[37] MORRIS M W, HASSAN M A A M, VASKINN K A. Breach Formation: Field Test and Laboratory Experiments[J]. Journal of Hydraulic Research,2007,45(sup1):9-17.

[38] HOEG K, LOVOLL A, VASKINN K A,等. 6m 高土石坝稳定与溃决现场试验[J]. 中国水利,2005(8):59-61.

[39] ZHU Y H, VISSER P J, VRIJLING J K. Laboratory Observations of Embankment Breaching[C]. Proceedings of the 7th International Conference on HydroScience and Engineering Philadelphia,2006.

[40] PICKERT G, WEITBRECHT V, BIEBERSTEIN A. Breaching of Overtopped River Embankments Controlled by Apparent Cohesion[J]. Journal of Hydraulic Research,49(2):143-156.

[41] 罗优. 粘性均质土石坝漫顶破坏机理试验研究[D]. 武汉:武汉大学,2013.

[42] ROBINSON K M, HANSON G J. A Deterministic Headcut Advance Model[J]. Transactions of the ASAE,1994,37(5):1437-1443.

[43] ROBINSON K M, BENNETT S J, HANSON G J, et al. The Influence of Weathering On Headcut Erosion. [C]. 2000 ASAE Annual International Meeting, Milwaukee, 2000.

[44] HAHN W, HANSON G J, COOK K R. Breach Morphology Observations of Embankment Overtopping Tests[C]. Joint Conference on Water Resource Engineering and Water Resources Planning and Mangagement, 2000:1-10.

[45] SETIN O R, JULIEN P Y. Criterion Delineating the Mode of Headcut Migration[J]. Journal of Hydraulic Engineering, 1993,119(1):37-50.

[46] TEMPLE D M, HANSON G J. Earth Dam Overtopping and Breach Outflow[J]. Impacts of Global Climate Change, 2005:1-8.

[47] WU W, KANG Y. A Simplified Breaching Model for Cohesive Embankments[C]. World Environmental and Water Resources Congress, 2011:2207-2215.

[48] ZHU Y, GU L. Earth Dam Breaking: The Process and Mechanism[C]. International Conference on Dam Safety Management, Nanjing, 2008.

[49] WAHL T L. Uncertainty of Predictions of Embankment Dam Breach Parameters[J]. Journal of Hydraulic Engineering, 2004, 130(5):1-15.

[50] FREAD D L. The NWS DAMBRK Model: Theoretical Background/User Documentation[R]. Washington D. C.: National Weather Service, NOAA, 1988.

[51] FREAD D L. BREACH: An Erosion Model for Earthen Dam Failures [M]. Washington D. C.: Hydrologic Research Laboratory, National Weather Service, NOAA, 1988.

[52] SAMUELS P, MORRIS M, HASSAN M, et al. Development of the HR BREACH Model for Predicting Breach Growth through Flood Embankments and Embankment Dams[C]. River Flow 2008: Izmir, 2008.

[53] Al-RIFFAI M, NISTOR I., VANAPALLI S K, et al. Overtopping of Earth Embankments: Sensitivity Analysis of Dam Breaching Using Two Numerical Models[C]. Jiont 60th Canadian Geotechnical Conference and 8th IAH-CNC conference, Ottawa, 2007.

[54] ZHAO G, VISSER P J, PEETERS P, et al. Headcut Migration Prediction of the Cohesive Embankment Breach[J]. Engineering Geology, 2013, 164:18-25.

[55] WETMORE J N, FREAD D L. The NWS Simplified Dam-Break Flood Forecasting Model[R]. Washington D. C: National Weather Service, NOAA, 1991.

[56] VISSER K, HANSON G, TEMPLE D, et al. Earthen Embankment Overtopping Analysis Using the WinDAM B Software[C]. National Dam Safety Program Technical Seminar No. 20, Emmitsburg, 2013.

[57] WAHL T. L. Prediction of Embankment Dam Breach Parameters[R]. U. S. Water Resources Research Laboratory, 1998.

[58] 朱勇辉,廖鸿志,吴中如. 土坝溃决模型及其发展[J]. 水力发电学报, 2003(2):31-38.

[59] WAN C F, FELL R. Investigation of Rate of Erosion of Soils in Em-

bankment Dams[J]. Journal of Geotechnical and Geoenvironmental Engineering, 2004,130(4):373.

[60] BRIAUD J. Case Histories in Soil and Rock Erosion: Woodrow Wilson Bridge, Brazos River Meander, Normandy Cliffs, and New Orleans Levees[J]. Journal of Geotechnical and Geoenvironmental Engineering, 2008,134(10):1425-1447.

[61] JANG W, SONG C R, KIM J, et al. Erosion Study of New Orleans Levee Materials Subjected to Plunging Water[J]. Journal of Geotechnical and Geoenvironmental Engineering, 2011, 137(4): 398-404.

[62] HANSON J, WAHL T, TEMPLE D, et al. Erodibility Characteristics of Embankment Materials[C]. ASDSO 2010 Annual Conference:Seattle, WA,2010.

[63] ROZOV A L. Modeling of Washout of Dams[J]. Journal of Hydraulic Research, 2003, 41(6): 565-577.

[64] FRANCA M J, ALMEIDA A B. A Computational Model of Rockfill Dam Breaching Caused by Overtopping (RoDaB)[J]. Journal of hydraulic research,2004,42(2):197-206.

[65] D'ELISO C. Breaching of Sea Dikes Initiated by Wave Overtopping: A Tiered and Modular Modelling Approach[D]. Braunschweig: University of Braunschweig, 2007.

[66] NEILSEN M L, TEMPLE D M, HANSON G J. WINDAM: Modules to Analyze Overtopping of Earth Embankment Dams[C]. Proceedings of the Third IASTED International Conference on Environmental Modelling and Simulation,2007.

[67] PONCE V M, TSIVOGLOU A J. Modeling Gradual Dam Breaches [J]. Journal of the Hydraulics Division, 1981,107(7):829-838.

[68] CRISTOFANO E A. Method of Computing Erosion Rate of Failure of Earth Dams[R]. Denver: U.S. Bureau of Reclamation,1965.

[69] TORO E F. Shock-Capturing Methods for Free-Surface Shallow Flows [M]. New York: Wiley,2001.

[70] KRISTOF P, BENES B, KRIVÁNEK J, et al. Hydraulic Erosion U-

sing Smoothed Particle Hydrodynamics[J]. Computer Graphics Forum, 2009,28(2):219-228.

[71] SHIGEMATSU T, LIU P L, ODA K. Numerical Modeling of the Initial Stages of Dam-Break Waves[J]. Journal of Hydraulic Research, 2004,42(2):183-195.

[72] 胡四一,谭维炎. 溃坝涌波的数值模拟[J]. 水动力学研究与进展:A辑, 1990,5(2):90-98.

[73] DE PLOEY J. A Model for Headcut Retreat in Rills and Gullies[J]. Catena Supplement, 1989, 14:81-86.

[74] TEMPLE D M. Estimating Flood Damage to Vegetated Deep Soil Spillways[J]. Applied Engineering in Agriculture, 1992,8(2):237-242.

[75] TEMPLE D, MOORE J. Headcut Advance Prediction for Earth Spillways[J]. Transactions of the ASAE, 1997,40(3):557-562.

[76] HANSON G J, ROBINSON K M, COOK K R. Prediction of Headcut Migration Using a Deterministic Approach[J]. Transactions of the ASAE, 2001,44(3):525-531.

[77] ZHU Y, VISSER P J, VRIJLING J K. Review On Embankment Dam Breach Modeling[C]. Proceedings of the 4th International Conference on DamEngineering:Nanjing, China,2004.

[78] 朱勇辉,李飞. 大坝溃决过程数值模拟相关研究[R]. 武汉:长江水利委员会长江科学院,2009.

[79] LLANA A, MOLINA R, CAMARERO A, et al. Overtopping Flow Properties Characterization in Laboratory and Prototype through the Combination of Non Intrusive Instrumental Techniques[J]. Coastal Engineering,2012:1-11.

[80] POWLEDGE G R, RALSTON D C, MILLER P, et al. Mechanics of Overflow Erosion On Embankments. II: Hydraulic and Design Considerations[J]. Journal of Hydraulic Engineering, 1989, 115(8):1056-1075.

[81] 史宏达,刘臻. 溃坝水流数值模拟研究进展[J]. 水科学进展,2006,17(1):129-135.

[82] 邹双凤. 土坝溃坝数值模型和溃坝洪水演进研究[D]. 南宁:广西大

学,2009.

[83] 郑力. 自然坝体溃决水流三维数值模拟研究[D]. 武汉:武汉大学,2010.

[84] 谢任之. 溃坝水力学[M]. 济南:山东科学技术出版社,1993.

[85] Cheng Y. Non-Dimensional Peak Breach Outflow Analysis with Dam Breach Parameters[C]. Joint Conference on Water Resource Engineering and Water Resources Planning and Management 2000:1-10.

[86] CHINNARASRI C, TINGSANCHALI T, WEESAKUL S, et al. Flow Patterns and Damage of Dike Overtopping[J]. International Journal of Sediment Research,2003,18(4):301-309.

[87] SCHÜTTRUMPF H, HOCINE O. Layer Thicknesses and Velocities of Wave Overtopping Flow at Seadikes[J]. Coastal Engineering,2005, 52(6):473-495.

[88] TRUNG L H. Velocity and Water-Layer Thickness of Overtopping Flows On Sea Dikes[M]. Delft:Delft University of Technology,2014.

[89] TEMPLE D M, HANSON G J. Earth Dam Overtopping and Breach Outflow[J]. Impacts of Global Climate Change,2005:1-8.

[90] ROBINSON K M. Stress Distribution at an Overfall[J]. Transactions of the ASAE,1989,32(1):75-80.

[91] JIA Y, KITAMURA T, WANG S S Y. Numerical Simulation of Head-Cut with a Two-Layered Bed[J]. 国际泥沙研究:英文版,2005,20(3):185-193.

[92] FRENETTE R, PESTOV I. Flow and Erosive Stresses at the Base of a Headcut[J]. Journal Of Hydraulic Engineering, 2005, 131(2):139-141.

[93] 张建云,李云,宣国祥,等. 不同粘性均质土坝漫顶溃决实体试验研究[J]. 中国科学:E辑,2009(11):1881-1886.

[94] BRIAUD J L, CHEN H C, GOVINDASAMY A V, et al. Levee Erosion by Overtopping in New Orleans during the Katrina Hurricane[J]. Journal of Geotechnical and Geoenvironmental Engineering,2008,134(5):618-632.

[95] 李云,王晓刚,刘火箭,等. 土石坝漫顶过程水力特性分析[J]. 水动力学

研究与进展 A 辑,2012,27(2):147-153.

[96] SHARP J A, MCANALLY W H. Numerical Modeling of Surge Overtopping of a Levee[J]. Applied Mathematical Modelling,2012,36(4):1359-1370.

[97] 曹志先,郑力,钱忠东. 溃坝水流三维湍流的试验与数值分析[J]. 武汉大学学报(工学版),2010,43(2):137-142.

[98] 黄金池,何晓燕. 溃坝洪水的统一二维数学模型[J]. 水利学报,2006,37(2):222-226.

[99] 隆文非,张新华,黄金池,等. 水库溃坝洪水预测方法研究及应用[J]. 四川大学学报(工程科学版),2008(1):21-26.

[100] 夏军强,王光谦,LIN B L,等. 复杂边界及实际地形上溃坝洪水流动过程模拟[J]. 水科学进展,2010,21(3):289-298.

[101] 方杰,周杰,张健. Youngs—VOF 方法模拟溃坝水流演进[J]. 水电能源科学,2010,28(5):51-53.

[102] DE CHOWDHURY S. Numerical Simulation of Wave Overtopping using Mesh Free SPH Method[C]. Proceedings of 2013 IAHR World Congress:Chengdu,2013.

[103] 缪吉伦,赵万星,黄成林. SPH 法模拟立面二维溃坝流动应用研究[J]. 重庆交通大学学报:自然科学版,2012(1):121-123.

[104] 张健,陆利蓬,刘恩洲. SPH 方法在溃坝流动模拟中的应用[J]. 自然科学进展,2006,16(10):1326-1330.

[105] 王海军,梅伟,张强. 跌坎式底流消能工坎后横轴漩涡水力特性研究[J]. 水利水电技术,2008,39(5):23-25.

[106] 范勇锋. 台阶式溢流坝坝后消力池压强特性数值模拟研究[D]. 西安:西安理工大学,2010.

[107] TAKAHASHI M, YASUDA Y, OHTSU I. Energy Dissipation of Skimming Flows On Stepped-Channel Chutes[C]. Proceedings of 29th IAHR conference, Beijing, 2001:531-536.

[108] WALDER J S, O'CONNOR J E. Methods for Predicting Peak Discharge of Floods Caused by Failure of Natural and Constructed Earthen Dams[J]. Water Resources Research,1997,33(10):2337-2348.

[109] ALBERTSON M L, DAI Y B, JOHNSON R A, et al. Diffusion of Submerged Jets[J]. Proceedings of the American Society of Civil Engineers, 1948, 74(10):1571-1596.

[110] BELTAOS S. Oblique Impingement of Circular Turbulent Jets[J]. Journal of Hydraulic Research, 1976, 14(1):17-36.

[111] FOGLE A W, MCBURNIE J C, BARFIELD B J, et al. Modeling Free Jet Trajectory at an Overfall and Resulting Shear Stress Distribution in the Plunge Pool[J]. Transactions of the ASABE, 1993, 36(5):1309-1318.

[112] ROBINSON K M. Predicting Stress and Pressure at an Overfall[J]. Trans. ASAE, 1992, 35(2):561-569.

[113] ARULANANDAN K, LOGANATHAN P, KRONE R B. Pore and Eroding Fluid Influences On Surface Erosion of Soil[J]. Proceedings of the ASCE, 1975, 101:51-65.

[114] STEIN O R, JULIEN P Y, ALONSO C V. Mechanics of Jet Scour Downstream of a Headcut[J]. Journal of Hydraulic Research, 1993, 31(6):723-738.

[115] HANSON J, WAHL T, TEMPLE D, et al. Development and Characterization of Soil Material Parameters for Embankment Breach[J]. Applied Engineering in Agriculture, 2011, 27(4):587-595.

[116] 洪大林,缪国斌,邓东升,等. 粘性土起动及其在工程中的应用[M]. 南京:河海大学出版社,2005.

[117] HANSON G J, HUNT S L. Determining the Erodibility of Compacted Soils for Embankment Dams[C]. Proceedings of the 26th Annual USSD Conference:San Antonio, Texas, 2006.

[118] 洪大林,缪国斌,邓东升,等. 粘性原状土起动切应力与物理力学指标的关系[J]. 水科学进展,2006,17(6):774-779.

[119] JANG W, SONG C, KIM J, et al. Erosion Study of New Orleans Levee Materials Subjected to Plunging Water[J]. Journal of Geotechnical and Geoenvironmental Engineering, 2011, 137(4):398-404.

[120] BRIAUD J L, TING F C K, CHEN H C, et al. Erosion Function Apparatus for Scour Rate Predictions[J]. Journal Of Geotechnical and

Geoenvironmental Engineering,2001,127:105-113.

[121] KAMPHUIS J, HALL K. Cohesive Material Erosion by Unidirectional Current[J]. Journal of Hydraulic Engineering,1983,109(1):49-61.

[122] 黄岁梁,陈稚聪,府仁寿. 粘性类土的起动模式研究[J]. 水动力学研究与进展 A 辑,1997,12(1):1-7.

[123] 张兰丁. 粘性泥沙起动流速的探讨[J]. 水动力学研究与进展 A 辑,2000,15(1):82-88.

[124] SHAIKH A, RUFF J, ABT S. Erosion Rate of Compacted NA - Montmorillonite Soils[J]. Journal of Geotechnical Engineering,1988, 114(3):296-305.

[125] ZHU Y. Breach Growth in Clay-Dikes[M]. Enschede:Print Partners Ipskamp BV,2006.

[126] 曹叔尤,杜国翰. 粘性土冲淤的试验研究[J]. 泥沙研究,1986(4):73-82.

[127] PARCHURE T, MEHTA A. Erosion of Soft Cohesive Sediment Deposits[J]. Journal of Hydraulic Engineering,1985,111(10):1308-1326.

[128] SHEWBRIDGE S, PERRI J, MINEART P, et al. Levee Erosion Prediction Equations Calibrated with Laboratory Testing[C]. International Conference on Scour and Erosion 2010 (ICSE-5),2010.

[129] RALSTON D C. Mechanics of Embankment Erosion During Overflow[C]. 1987 National Conference on Hydraulic Engineering, New York, 1987:733-738.

[130] POWLEDGE G R, RALSTON D C, MILLER P, et al. Mechanics of Overflow Erosion On Embankments. II : Hydraulic and Design Considerations[J]. Journal of Hydraulic Engineering, 1989, 115(8):1056-1075.

[131] 李云,宣国祥,王晓刚,等. 溃坝试验和模拟技术研究总报告[R]. 南京:南京水利科学研究院,2009.

[132] AHMAD Z. Discharge Prediction at Free Overfalls[J]. ISH Journal of Hydraulic Engineering,2002,8(1):69-71.

[133] 黄海江. 溢流坝台阶段水力特性数值模拟研究[D]. 西安:西安理工大学,2011.

[134] PAGLIARA S, DAZZINI D. Energy Dissipation On Stepped Fall Manholes[J]. Urban Drain,2002,112:315-330.

[135] RENNA F M, FRATINO U, PICCINNI A F, et al. Experimental Study On a Plane Free Overfall[C]. World Environmental and Water Resources Congress 2008, Hawaii, 2008:1-10.

[136] MARCHI E. On the Free Overfall[J]. Journal of Hydraulic Research, 1993,31(6):777-790.

[137] 王福军. 计算流体动力学分析——CFD 软件原理与应用[M]. 北京:清华大学出版社,2004.

[138] 张健,方杰,范波芹. VOF 方法理论与应用综述[J]. 水利水电科技进展,2005,25(2):67-70.

[139] 中华人民共和国水利部. 水利水电工程天然建筑材料勘察规程[S]. 西安:未来出版社,2000.

[140] 中华人民共和国水利部. 碾压式土石坝设计规范[S]. 北京:中国水利水电出版社,2013.

[141] HANSON G J, COOK K R. Apparatus, Test Procedures, and Analytical Methods to Measure Soil Erodibility in Situ[J]. Applied Engineering in Agriculture,2010,20(4):455-462.

[142] JANG W. Erosion Study of New Orleans Levee Soils Subjected to Plunging Water [D]. Oxford:The University of Mississippi,2010.

[143] 何文社,方铎,杨具瑞,等. 泥沙起动流速研究[J]. 水利学报,2002(10):51-56.

[144] 钱宁,万兆惠. 泥沙运动力学[M]. 北京:科学出版社,1983.

[145] 韩其为. 非均匀悬移质不平衡输沙[M]. 北京:科学出版社,2013.

[146] 何文社,方铎,曹叔尤,等. 泥沙起动判别标准探讨[J]. 水科学进展,2003(2):143-146.

[147] 洪大林. 粘性原状土冲刷特性研究[D]. 南京:河海大学,2005.

[148] 张强. 均质土坝漫顶后冲刷破坏过程研究[D]. 武汉:武汉大学,2010.

[149] 付辉,杨开林,王涛,等. 对数型流速分布公式的参数敏感性及取值[J]. 水利学报,2013(4):489-494.

[150] AL-MADHHACHI A T, HANSON G J, FOX G A, et al. Measuring

Erodibility of Cohesive Soils Using Laboratory Jet Erosion Tests[C]. World Environmental and Water Resources Congress 2011, California, 2011:2350-2359.

[151] SHEWBRIDGE S, PERRI J, MINEART P, et al. Levee Erosion Prediction Equations Calibrated with Laboratory Testing[C]. Proceedings of the International Conference on Scour and Erosion (ICSE-5), ASCE, 2010.

[152] HANSON G J, SIMON A. Erodibility of Cohesive Streambeds in the Loess Area of the Midwestern USA[J]. Hydrological Processes, 2001, 15(1):23-38.

[153] MOHAMED M, SAMUELS P G, MORRIS M W, et al. Improving the Accuracy of Prediction of Breach Formation through Embankment Dams and Flood Embankments[C]. International Conference on Fluvial Hydraulics, 2002.

[154] MORRIS M W. CADAM Concerted Action On Dambreak Modelling [R]. London: HR Wallingford, 2000.